KB105612

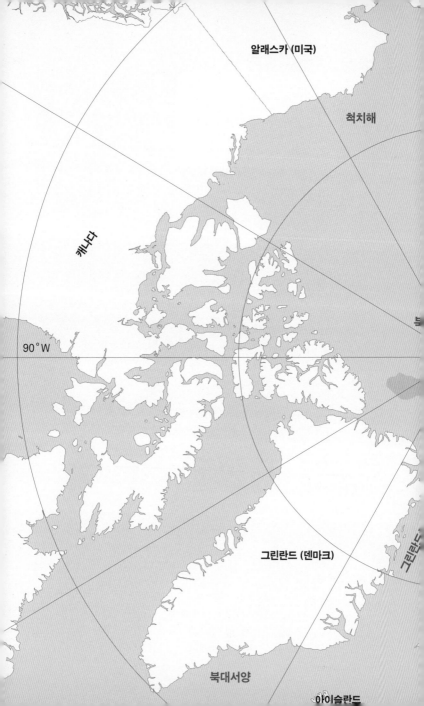

남극이나 북극에

가 보셨나요?

KOPRI 극지연구소
Korea Polar Research Institute

극지연구소Korea Polar Research Institute, KOPRI는 우리나라 유일의 극지 연구 전문기관으로, 남극의 '세종과학기지'와 '장보고과학기지', 북극의 '다산과학기지', 쇄빙연구선 '아라온'을 운영하면서 극지 기후와 해양, 지질 환경 그리고 야생동물들과 생태계를 연구하고 있습니다. 또한 극지 관련 국제기구에서 우리나라를 대표하여 활동하고 있습니다.

일러두기

- 인명과 지명은 외래어 표기법을 따랐다. 하지만 일반적으로 쓰이는 경우에는 원어 대신 많이 사용하는 언어로 표기하였다.
- 사진과 그림의 출처는 각 해당 사진 또는 그림 설명에 표시하였다.

남극이나 북극에
가 보셨나요?

얼음 바다, 눈 덮인 대륙에 가고 싶은 사람이
알아야 할 모든 것

김예동 지음

nomad
지식노마드

'남극이나 북극에 가 보셨나요?'

교통수단의 발달로 지구상 어디라도 일일생활권이 되면서 전 세계에서 연간 12억 명 이상이 휴식과 호기심을 좇아 관광에 나서고 있다. 관광은 이제 세계에서 가장 큰 산업이 되었으며 5명 중 1명꼴로 새로운 일자리도 창출하고 있다. 남극과 북극도 더 이상 가볼 수 없는 미지의 세계가 아니며, 남극만 해도 연간 5만 명의 관광객이 방문하고 있고 그 수는 계속 늘고 있다. 우리나라도 2018년 2,800만 명 이상이 해외여행을 다녀왔다. 아마 지금 전 세계 어디를 가더라도 한국 관광객이 없는 곳은 없을 것이다. 그러나 아직까지 주변에서 과학 연구 목적이 아닌 관광차 남극을 다녀왔다는 사람은 거의 만날 수 없었다. 하지만 향후 극지를 방문하는 우리나라 국민들도 점차 늘어날 것이다. 우리도 지금 남극이나 북극에 관광을 갈 수 있을까? 갈 수 있다면 어떻게 갈까?

남극과 북극을 찾는 관광객은 대부분 휴식보다는 호기심에 이끌려 가게 될 것이다. 과연 극지는 어떤 곳일까? 눈과 얼음으로만 덮인 추운 곳일까? 생물은 있을까? 추운 극지에서 생물은 어떻게 살 수 있을까? 등의 질문에서 더 나아가 그럼 극지는 왜 추울까? 극지는 옛날에도 추웠을까? 극지를 덮고 있는 얼음의 양은 얼마나 될까? 평균 2,000m 이상의 두꺼운 얼음 밑에 땅이 있을까? 있다면 어떻게 생겼을까? 남극의 얼음은 언제 만들어졌을까? 등으로 꼬리에 꼬리를 물고 이어지는 극지에 대한 궁금증은 끝이 없다. 자연현상을 좀 알고 나면 좀 더 현실적인 궁금증이 생겨난다. 남극과 북극은 과연 누구의 땅일까? 남극에 가려면 어디에서 비자를 받아야 할까? 남극에 지하자원이 있다면 누구의 것일까? 북극 바다에도 석유가 있을까? 등의 질문이다. 남극은 아직 지구상 가장 알려지지 않은 대륙이다. 북극에는 오래전부터 사람이 살았고 지금도 약 400만 명의 원주민이 살고 있지만 북극해는 여전히 미지의 세계다.

요즘 우리는 거의 매일 지구촌에서 일어나는 온난화와 혹한, 폭설, 혹서, 홍수, 가뭄 등 극심한 기후 현상에 대한 뉴스를 접하고, 이와 관련된 북극과 남극에 대한 이야기도 심심치 않게 듣게 된다. 왜 기후변화와 극지가 밀접한 관계를 가지고 있을까? 북극해가 지금 녹고 있다는데 왜 녹을까? 온난화가 되면 왜 해수면이 오르게 되나? 극지에서 일어나는 변화는 우리 생활과 어떻게 연결되어 있을까? 기후변화와 관련되어 극지는 우리의 근본적인 지적 호기심을 자극한다. 여행 목적, 호기심, 과학 연구 등 여러 이유로 극지 지식에 관한 요구가 커지고 있지만 이를 종합적으로 찾아보기는 쉽지 않다. 이 책은 극지에 관한 자연과학적 질문뿐 아니라 역사, 국제 정치, 국제법 등 극지에 대한 사회과학적 궁금증을 한데 묶어 과학자가 아니더라도 쉽게 이해할 수 있는 극지 문답서가 되었으면 하는 목적으로 쓰였다. 이 책을 통해 많은 독자들이 극지에 대한 지식을 넓히고 그 과학적 중요성을 이해하는 계기가 되기를 바란다.

2019년 가을
인천 송도에서 김예동

차례

2. 남극과 북극은 어떤 곳일까?

3. 남극에 대해 더 궁금한 점

4. 북극에 대해 더 궁금한 점

5. 극지와 기후변화의 관계는?

1. 남극과 북극에는 어떻게 갈까?

남극 장보고과학기지. 출처: 극지연구소

일반인도 남극이나 북극 관광을
할 수 있을까?

전 세계 관광 산업이 발전하면서 극지에 대한 관광도 비약적으로 성장하고 있다. 남극조약에 따르면 남극 지역에서 과학 연구의 완전한 자유를 인정하고 있으며 자원개발 행위를 금지하고 있다. 그러나 남극 관광에 대한 별도의 언급은 없다. 다만 남극조약회의에서는 남극 관광과 관련된 환경 보호와 안전에 대한 권고문이 있으며, 이에 따라 조약국들의 개별적인 규제를 촉구하고 있다. 남극 관광은 1960년대부터 배를 타고 가는 크루즈 관광으로 시작되었고 1970년대에 들어 항공 관광이 시작되었다. 1980년대 말에는 관광객 수가 연간 약 2,000명 정도였으나 2000년대에 들어와 매년 그 수가 급증하고 있다. 2017/18년 여름에는 50척의 관광선(요트 포함)이 344회의 남극 항해를 통해 총 51,707명의 전 세계 관광객이 남극을 방문했다. 전체 관광객의 33%가 미국인이며 다음으로 중국인이 16%를 차지하고 있다.

　　북극은 남극과는 달리 비교적 접근하기 쉽기 때문에

다양한 루트를 따라 관광이 가능하다. 알래스카, 스웨덴, 핀란드 북극 지역에만 연간 2백만 명 이상이 다녀가고 캐나다 북부 유콘 지역에도 연 20만 명의 관광객이 찾는다. 겨울철 오로라를 보고 싶은 관광객들은 캐나다의 옐로나이프(북위 62°), 미국 알래스카의 페어뱅크스(북위 64°) 혹은 아이슬란드의 레이캬비크(북위 64°)를 찾는다. 육지로 접근 가능한 북극은 북위 84° 정도이고, 그 이상은 바다이기 때문에 배를 타고 가야 한다. 북극 관광의 하이라이트는 역시 쇄빙선을 타고 북극점에 도달하는 것이다. 즉 6~7월에 러시아 쇄빙선을

북극점 관광 – 러시아의 원자력 쇄빙선인 승리50주년호로 북극점 도달
(출처: Quark Expeditions)

타고 러시아 무르만스크 항을 출발하여 14일간 북극점까지 갔다 돌아오는 관광이 있는데 1인 가격이 최저 3,600만 원이나 된다. 현재 북극점 관광을 위해서 러시아 핵추진 쇄빙선 야말호와 승리50주년호 2척을 임대하여 운영하고 있다. 그 밖에 스발바르군도 등의 크루즈 관광이 있는데 일주일에 약 700만 원 정도 소요된다.

남극 관광은 어떻게 할까?

남극 관광은 남반구 여름 시즌인 11월에서 이듬해 3월 사이에 주로 크루즈선을 타고 칠레의 푼타아레나스나 아르헨티나 우수아이아 혹은 남아프리카공화국의 케이프타운에서 출발해 남극반도 지역을 둘러보고 펭귄 서식지 등 몇 군

2017년 12월 관광차 중국을 출발하여 남극에 착륙한 중국 관광객 전세기

데를 상륙해 보는 관광이 주를 이룬다. 통상 10일 정도 항해가 주를 이루는데 가격은 1인당 800~1,100만 원 사이이며 호화 크루즈선은 약 2,800만 원이나 된다. 물론 자기 나라에서 칠레의 푼타아레나스나 아르헨티나의 우수아이아까지 가는 항공료는 별도다.

비행기를 타고 남극점까지 다녀오는 관광도 있는데 매우 비싸서 일주일 관광에 약 5,500만 원이 소요된다. 가장 흥미로운 관광은 남위 89°까지 비행기로 가서 남극점까지 남은 약 111km를 12일 동안 스키로 걸어갔다가 다시 비행기로 돌아오는 여정인데 가격이 무려 7,500만 원이다. 최

상업적 남극 관광은 꾸준히 증가해 1년에 약 4만 명의 관광객이 남극을 찾는다

남극 관광은 보통 크루즈선을 타고 남극반도 주변을 돌아보는 것이다
(출처: SeaSpirit 호-VAYA)

근 중국인 관광객 수가 급격히 증가하고 있으며 2016/17년 시즌 5,000명 이상이 1인당 3,000만 원 이상의 고가에도 불구하고 남극을 다녀왔다. 중국은 2017년 12월에 소형 항공기 편으로 22명의 관광객을 싣고 중국 상하이에서 출발해 남극에 처음 착륙하기도 했다.

남극 대륙에서 가장 높은 곳에 올라가 볼 수 있을까?

남극 대륙은 전체의 98%가 얼음에 덮여 있지만 두꺼운 빙상 밑에는 다른 대륙에서처럼 산, 평야, 계곡 등의 지형이 존재한다. 그러나 남극을 덮고 있는 거대한 빙상 때문에 대륙의 가장자리 해안가와 높은 산맥의 높은 봉우리들만 얼음 위로 노출되어 있다.

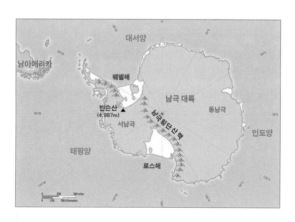

남극 최고봉은 서남극에 위치한 해발 4,892m 빈슨산이다

빈슨산

　　남극 대륙에서 가장 높은 봉우리는 빈슨산으로 고
도는 해발 4,892m이다. 빈슨산은 남아메리카 대륙의 안데
스산맥으로부터 남극반도를 지나 남극횡단산맥으로 연결되
는 엘스워스산맥의 일부인 빈슨지괴에 속한다. 빈슨산은 남
극점으로부터 북쪽으로 1,200km 떨어져 있으며 1958년 미
해군 항공기에 의해 처음으로 발견되었다. 그 후 미국인 니
콜라스 글린치가 1966년 처음으로 등정에 성공했다. 등반
은 보통 빈슨지괴의 서쪽 브랜스콤 빙하를 따라 올라가는데

여름철에도 평균 기온이 -30℃ 정도이며 강풍으로 등반이 쉽지 않다. 우리나라도 한국해양소년단 남극관측탐험대가 1985년 11월 29일 처음 등정에 성공한 이후 많은 산악인이 오른 바 있다. 최근에는 그 지역에 민간 관광기지가 설치되면서 비교적 쉽게 등정할 수 있게 되었다. 현재는 칠레에서 출발해 1인당 약 3,600만 원 정도 내면 민간 회사를 통해 가이드를 따라 빈슨산 등정이 가능하며 항공기로도 정상 부근에 내릴 수 있다.

남극에 사는 사람은
몇 명이나 될까?

현재 남극에는 총 21개국에서 사람이 상주하는 월동 기지 40개를 운영하고 있다. 여기에 여름에만 운영하는 하계 기지까지 합하면 총 30개국의 기지 76개가 설치되어 있다. 남극에서 제일 큰 기지는 미국의 맥머도 기지로 여름 체류 인원이 최대 1,200명에 이르며 겨울철에는 약 150명이 기지

남극 킹조지섬에 자리한 칠레 프레이 기지

칠레 프레이 기지에는 군인 가족들이 거주하며 학교도 있다

를 지킨다. 남극조약에서 규정하는 남극 지역, 즉 남위 $60°$ 이남에 있는 모든 기지를 합하면 여름철에는 4,000명 정도이고, 겨울철에는 약 1,000명이 살고 있다. 그밖에는 여름철 남극 지역에서 항해하는 선박에 약 1,000명의 선원과 과학자가 머물고 있다.

남극에 사는 사람들은 모두 최대 1~2년 정도 체류하므로 진정한 의미의 주민이라고 보기 힘들다. 남아메리카의 아르헨티나와 칠레는 정책적으로 일부 남극 기지에 가족들을 살게 해서 현재까지 약 10명의 아기가 남극에서 태어나기도 했다. 첫 번째 남극 탄생 아기는 1978년 1월 7일 아르헨티나 에스페란사 기지에서 태어난 에밀리오 마르코스 팔마이며 이후 같은 기지에서 7명의 아기가 태어났다. 1984년 칠레의 프레이 기지에서도 2명이 탄생했다. 그후 태어난 아기들이 모두 남극에 살지는 않지만 이들이 진정한 남극 시민일지도 모른다.

이밖에도 관광 목적으로 단기간 크루즈선이나 요트로 남극을 방문하는 전 세계 관광객 수는 2017/18년 여름에 51,707명에 달했다.

남극에서는 감기에
안 걸린다는데?

감기는 인체에 침투한 여러 종류의 바이러스에 의해 발병하는데 특이 인플루엔자 바이러스에 의해 감염되면 독감에 걸리게 된다. 바이러스란 저 혼자 살지 못하고 반드시 동물, 식물, 세균 등 살아 있는 세포에 기생하고, 세포 안에서만 증식이 가능한 미생물이다. 바이러스에도 여러 가지 종류가 있는데, 그 감염되는 숙주에 따라 크게 동물 바이러스, 식물 바이러스, 곤충 바이러스, 세균 바이러스로 나뉜다. 이 중 인간에게 감염되는 바이러스는 전부 동물 바이러스다. 감기는 우리 몸에 침입한 동물 바이러스의 증식 작용으로 우리 몸속 세포가 파괴되면서 나타나는 현상이다.

　　　바이러스는 다른 생물에서 떨어져 나와 공기 중에 노출되면 오래 생존할 수가 없는데 남극에는 생물량이 아주 적기 때문에 바이러스가 퍼지기에 적합하지 않다. 독감을 일으키는 인플루엔자 바이러스는 기침이나 재채기할 때 퍼져 나갔다가 다른 사람에게 옮아가 발생한다. 따라서 남극에서 감기 유발 바이러스가 오랫동안 살아남을 가능성은 없다.

그러나 남극기지에서는 오랫동안 고립되어 지내다가 외부인이 방문하면서 바이러스를 가져와 기지 내에 쉽게 감기가 전파되기도 한다. 하지만 곧 내성이 생기면 또 다른 외부인이 오지 않는 한 남극 기지에서는 감기에 걸리지 않는다.

남극에는 어떤 비행기가
다닐 수 있을까?

남극처럼 추운 곳에서 비행기가 뜨고 내릴 수 있을까? 있다면 어떤 비행기가 다닐 수 있나? 비행기는 보통 높은 고도에서 날기 때문에 바깥 추위에 잘 견디도록 만들어져 있다. 장거리 민간 여객기의 경우 대기가 안정되고 공기 저항

미국의 남극 연구 지원을 위해 공군 C-17기가 운영된다

이 비교적 적은 대류권과 성층권의 경계인 고도 약 11km에서 날게 되는데 이때 바깥 기온은 -50~-60℃로 매우 춥다. 이 온도에서는 비행기 연료도 얼어 버리기 때문에 이를 방지하기 위해 연료탱크에 가열장치를 달고 있다. 따라서 비행기는 추운 남극에서도 여름철에는 문제 없이 운영될 수 있다.

남극의 여름철에는 5~6종류의 비행기가 활용되고 있다. 대륙 기지에는 암반이 없기 때문에 얼음 위에 눈 활주로를 만들어 사용한다. 눈이 얇고 비교적 단단한 활주로에

눈 위에 내리도록 바퀴 밑에 스키를 단 LC-130 수송기

스키를 단 중거리 항공기 베슬러(Basler, BT-67)

는 보통 타이어 바퀴로 내릴 수 있는데 눈이 두껍고 바닥이
부드러운 경우는 타이어 밑에 스키를 달고 착륙하기도 한
다. 현재 남극을 오가거나 남극 내에서 운영되는 항공기를
보면 미국 C-17, C-130, 러시아 IL-76, 유럽 A-319와 같은
대형 수송기나 캐나다 베슬러, 트윈오토 같은 중소형 비행
기가 주로 사용된다.

그러나 남극의 겨울철인 3~10월 사이에는 남극에

스키를 장착한 단거리 항공기 트윈오토

갈 수 있는 비행기가 거의 없다. 특히 남극 내륙은 고지대이기 때문에 공기가 희박하고 기온이 -70℃ 이하라 운영 가능한 비행기가 거의 없다. 극 지역에서는 나침반이 잘 작동하지 않고 GPS 신호도 제한적이므로 조종사의 시야 확보가 무엇보다 중요한데 겨울철에는 해가 없어 불가능하다. 또한 극 쪽으로 갈수록 경도 간격이 좁아지기 때문에 항공기위치 설정이 매우 힘들다. 따라서 겨울철 남극 기지는 우주

정거장만큼이나 철저히 격리된 공간이 된다. 지금까지 겨울철 남극의 내륙 기지에서 응급환자 발생으로 환자가 항공기로 구출된 경우는 4회 정도에 불과하다. 미국 남극점 아문센 스콧 기지에서는 2001년, 2003년, 2016년 3번 겨울철 트윈오토 소형 항공기로 환자가 구출된 경우가 있다. 당시 운행했던 트윈오토 조종사에 따르면 남극점에 도착해 환자를 싣는 동안 스키가 바닥에 얼어붙고 윤활유가 얼어서 날개 방향타가 움직이지 않는 바람에 큰 어려움을 겪었다고 한다.

쇄빙선이 얼음을 깨는 원리는?

얼음 해역에서 얼음을 깨고 전진할 수 있는 선박을 쇄빙선이라고 부르며, 얼음을 직접 깨지는 못하지만 얼음 조각이 많이 떠다니는 유빙 지역을 항해할 수 있는 선박을 내빙선이라고 부른다. 쇄빙선은 선수 부분이 L자 모양으로 되어 있어 선박이 서서히 전진하면서 배의 무게로 얼음을 깨며 나간다. 쇄빙선이라도 비교적 얇은 얼음(수십 cm)은 계속 뚫고 나갈 수 있지만 1m 이상의 두꺼운 얼음을 만나면 뚫고 나가기 힘들게 된다. 이런 경우에 배를 잠시 후진시켰다가 다시 전속력으로 전진시켜 배의 앞부분을 얼음 위로 올려 선박 자체 무게로 얼음을 깨뜨린다. 따라서 쇄빙 시에는 배가 후진과 전진을 반복하면서 조금씩 나가게 된다. 그러나 쇄빙선도 계속 두꺼운 얼음을 깨고 가게 되면 많은 시간과 연료가 소모되기 때문에 보통은 인공위성 사진을 받아 비교적 얼음이 얇은 곳이나 얼음 사이로 난 크랙(틈)을 따라 우회하거나 지그재그로 운항하게 된다. 또한 얼음 해역에서 배의 속도는 얼음을 부수는 것과 함께 선체와 깨진 얼음과의 마찰로도 느려진다. 따라서 둥근 바가지 모양으로 선체를 설계해 부서진 얼음이 배의 옆 또는 밑으로 쉽게 밀려 나가게 되어 있다. 이 경우 밀려난 얼음 덩어리가 프로펠러에 부딪히면 큰 문제가 발생할 수 있기 때문에 세심한 설계가 필요하다. 이런 점을 고려할 때 쇄빙선이 일반 배와 다른 특징은 다음 세 가지로 요약된다. 우선 얼음을 뚫고 나가도록 배의 앞머리(선수) 부분이 매우 튼튼하게 만들어져야 하며, 깨진 얼음을 잘 헤치고 나갈 수 있도록 선체 모양이 설계되어야 하고, 또한 강력한 추진력이 요구된다.

19세기 목제 선박 시대에도 선수를 목재와 철판으로 보강한 내빙 선박이 탄생했으며 20세기에 들어와 디젤 전기 엔진을 단 쇄빙선이 탄생했다. 그 후 소련 시절인 1959년 원자력 추진 쇄빙선이 등장해 북극점까지 도달하였다. 현재 전 세계에 90여 척의 크고 작은 쇄빙선이 있는데 그중 러시아에서 핵 추진 쇄빙선 4척을 포함 총 44척 이상을 보유하고 있다.

아라온호는 선수하부에 달린 아이스나이프로 얼음을 깨고 자체 무게로 누르면서 전진한다. 사진은 수리를 위해 도크에 올려진 아라온호의 뱃머리 밑부분

남극으로 들어가는
5대 관문도시는?

남극 대륙은 지구에서 가장 동떨어진 대륙이기 때문에 쉽게 접근할 수 없다. 지구의 가장 남쪽에 위치하기 때문에 남극에 가려면 보통 남반구 대륙에서 출발한다. 즉 남극의 가고자 하는 지역에 따라 가장 가까운 아프리카, 남아메리카 혹은 오스트레일리아 대륙의 최남단 항구나 비행장을 갖춘 관문도시에서 출발하게 된다. 남극으로 가는 세계 5대 관문도시는 다음과 같다.

1) **뉴질랜드의 크라이스트처치**

뉴질랜드 남섬 최대 도시로, 인구는 약 40만 명이다. 남극 로스해, 빅토리아랜드, 아문센해, 마리버드랜드, 남극점으로 가는 관문도시이다.

미국 맥머도 기지, 뉴질랜드 스콧 기지, 이탈리아 마리오 주켈리 기지, 한국 장보고기지로 들어가는 C-17, C-130 수송기의 출발점이기도 하다(장보고기지까지 약 3,500km).

우리나라 아라온호의 기항지인 리틀턴 항은 크라이스트처치에서 남동쪽으로 20km 떨어진 리틀턴에 있다.

공항 인근에 있는 국제남극센터에 뉴질랜드 남극연구소, 미국과 이탈리아 남극 프로그램 사무소와 한-뉴질랜드 남극협력센터가 위치한다.

캔터베리 대학, 링컨 대학이 있고, 캔터베리 대학에

뉴질랜드의 크라이스트처치는 남극 로스해 지역으로 가는 관문도시이다. 2011년 크라이스트처치 대지진으로 스콧 동상이 쓰러졌다가 최근 다시 세워졌다

남극관문^{Gateway Antarctica}이라는 남극전문 교육프로그
램이 운영 중이며, 국제기구로 남극프로그램운영자
위원회^{COMNAP} 사무국이 소재한다.

2010과 2011년의 대지진으로 도시 상당 부분이 파
괴되었으나, 현재(2019년 기준) 거의 복구된 상태다.

오스트레일리아의 호바트

오스트레일리아 남쪽 태즈메이니아섬의 최대 항구도
시로, 인구는 약 22만 명이다.

남극 윌크스랜드, 퀸메리랜드, 프린스엘리자베스랜
드, 엔더비랜드로 가는 관문도시로, 로스해 지역 관
광선의 기항지이기도 하다.

오스트레일리아의 케이시 기지, 데이비스 기지, 모슨
기지와 프랑스 뒤몽드빌 기지, 일본 쇼와 기지, 중국
중산 기지 등으로 가는 보급선의 기항지이다. 오스
트레일리아는 남극 케이시 기지에서 내륙으로 65km
떨어진 지점에 윌킨스 빙하 활주로를 개설해 여름기
간 항공기 C-17과 A-319를 운영한다(호바트에서 케이
시 기지까지 약 3,400km).

오스트레일리아 남극국(연구소), 태즈메이니아 대학,

호주 태즈메이니아섬에 위치한 호바트는 남극으로 가는 주요 항구 중 한 곳이다

국제기구로 남극해양생물자원보존위원회^{CCAMLR} 사무국이 소재한다.

칠레의 푼타아레나스

칠레 남단 마젤란 해협에 위치한 항구 도시로, 인구는 약 13만 명이다.

남극에 비교적 가까운 위치로 남극반도, 남셰틀랜드군도, 파머랜드, 웨델해로 가는 관문도시이다. 세종기지로 가는 항공기의 출발지(푼타아레나스에서 킹조지섬

칠레 푼타아레나스 중앙광장에 있는 마젤란 동상

프레이 기지까지 약 1,200km)이며 남극반도 지역으로 가는 관광선 기항지이기도 하다.

한국 남극세종과학기지, 중국 장성 기지, 미국 파머 기지, 영국 로데라 기지로 들어가는 관문이다.

칠레는 남극 킹조지섬 프레이 기지에 1.3km 길이의 비포장 활주로를 건설하여 푼타아레나스에서 항공기로 연결된다. 현재 공군 C-130과 칠레 민간항공사DAP의 BAe 146 임대 항공기가 운영된다.

마젤란 대학과 칠레 남극연구소가 소재하며 칠레 남극연구소에 한-칠레 남극공동연구센터가 설치돼 있다.

아르헨티나의 우수아이아

아르헨티나 남부 티에라델푸에고 남쪽에 위치한 항구도시로 세계 최남단 도시로 알려져 있다. 인구는 약 5만 7,000명.

남극반도에 가장 가까운 항구로 남극반도로 가는 관광선 대부분의 출발지다.

2018년부터 우수아이아에서 아르헨티나 마람비오

아르헨티나 최남단 우수아이아는 남극반도로 가는 크루즈 관광선의 주요 기항지이다

기지까지 주 1~2회 운행하는 상용 정기 항공로가 개설되었다.

아르헨티나의 6개 남극 기지 중 마람비오 기지는 남극반도 북쪽 세이모어섬에 위치하며 1.2km 길이의 비포장 활주로를 갖추고 있어 다른 기지로 가는 보급 수송의 관문 역할을 하고 있다.

남아프리카공화국의 케이프타운

남아프리카공화국의 대서양 연안에 있는 항구도시로 인구는 약 43만 명인데 인근 지역까지 합하면 약 370만 명이 거주하는 대도시다.

남극 대륙의 퀸모드랜드, 드로닝모드랜드, 코츠랜드, 웨델해로 접근하는 관문도시이다.

남아프리카공화국 사나에 기지, 독일 노이마이어 기지, 인도 마이트리 기지, 노르웨이 트롤 기지, 러시아 노보 기지로 접근하는 기항지이자 항공기 출발지다.

여름에는 케이프타운에서 러시아의 노보 기지 부근에 만들어진 빙하 활주로까지 IL-76 항공기가 운영된다. 항공편은 러시아, 일본, 독일, 노르웨이, 인도, 남아프리카공화국이 컨소시엄을 구성하여 운영하며

남아프리카 케이프타운은 동남극으로 들어가는 항공 및 선박 출발지이다

노보 기지에서 다시 작은 비행기로 각 기지에 도달
할 수 있다.

해안에서 약 230km 내륙에 위치한 노르웨이 트롤
기지에도 빙하 활주로가 개설되어 케이프타운에서
항공기가 운영된다.

우리나라의 남극과 북극 기지에는
어떻게 갈까?

북극 다산과학기지, 남극 세종과학기지, 장보고과학기지는 우리나라에서 각각 6,400km, 17,240km, 12,730km 떨어져 있기 때문에 한 번에 직접 갈 수가 없다. 세종기지와 한국과는 시차만 해도 13시간이나 되기 때문에 서로 지구의 정반대편에 있다고 볼 수 있다. 따라서 미국을 경유하거나 유럽을 거쳐도 거리가 거의 같으며 약 30시간 동안 비행기를 타야 한다. 세종기지는 칠레에서 가깝기 때문에 우선 칠레 산티아고를 거쳐 최남단 푼타아레나스까지 민간 항공편을 타고 가서 다시 비행기를 임대해 남극에 도착한다. 푼타아레나스에서 비행기로 약 2시간 반이면 킹조지섬에 있는 칠레의 프레이 기지 활주로에 도착한다. 여기서 끝이 아니다. 칠레 기지에서 세종기지까지는 보트를 타고 약 10km 바다를 건너야 한다. 남극에서는 보통 밑이 평평한 고무보트를 많이 사용하는데 이유는 부두시설이 없어 해변에 바로 배를 댈 수 있어야 하기 때문이다.

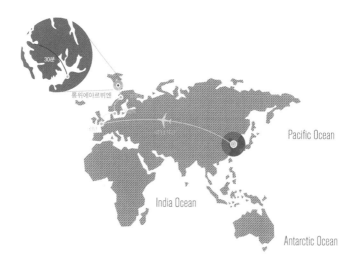

다산기지 여행 (출처: 극지연구소)

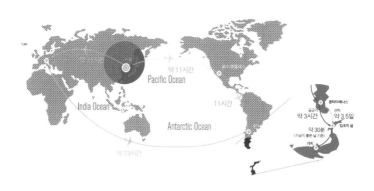

세종기지 여행 (출처: 극지연구소)

장보고기지는 우리나라에서 뉴질랜드 남섬의 크라이스트처치를 거쳐 임대 항공기 혹은 아라온호를 타고 들어간다. 항공기로 가는 경우 서울에서 약 20시간 걸리고 다시 아라온호를 타면 크라이스트처치 리틀턴 항에서 약 9일이 소요된다. 항공기를 타고 갈 수도 있는데 해빙 위 활주로를 이용하기 때문에 10월 말에서 11월 20일까지 약 1달 동안만 가능하다. 그 기간이 지나면 해빙이 2.5m 이하로 얇아져서 착륙이 불가능해지기 때문이다. 항공기로 장보고기지에 도착하면 바로 해빙 위로 내려서 걷거나 혹은 차량으로 이

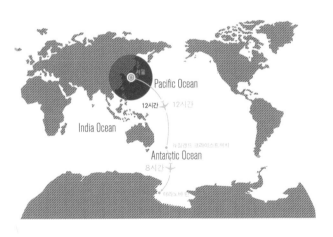

장보고기지 여행 (출처: 극지연구소)

장보고기지 앞 해빙활주로 위에 착륙한 C-130 수송기

동하며 해빙이 얇아지면 아라온호로 도착해 헬기로 내린다.

북극 다산기지는 노르웨이 오슬로를 경유하여 스발바르의 롱위에아르뷔엔까지 민간 항공편을 이용하고 롱위에아르뷔엔에서 기지가 위치한 뉘올레순까지 약 30분간 소형 항공기를 이용하여 도착한다. 우리나라로부터 총 소요 시간은 17시간 반 정도다.

우리나라 최초의 쇄빙선 아라온호는 어떻게 생겼을까?

우리나라 최초 쇄빙선인 아라온호는 남극 연구 활동 지원을 위해 2009년 11월 건조되었다. 그 후 2009년 12월에서 2010년 2월 사이 남극 쇄빙 테스트를 거쳐 지금까지 매년 11월에서 이듬해 5월까지는 남극 지역을, 7월에서 9월 사이에는 북극 지역을 연구와 보급을 위해 오고 간다. 특히 남위 75°에 위치한 장보고기지는 아라온호 같은 쇄빙선이 없이는 여름에도 접근이 불가능하다.

이라온호는 길이 111m, 폭 19m, 총톤수 7,500t으로 70일간 무보급 항해가 가능하다. 동력은 디젤 전기모터 구동 방식으로 3,400kW 발전기 4대가 총 9,120마력의 강력한 추진력을 갖는다. 후방에 5,000kW 아지머스^{azimuth} 추진기 2대와 선수에 1,200kW 추진기가 좌우로 설치되어 전후 좌우로 이동이 가능하다. 아지머스 추진기란 프로펠러 자체가 360° 회전할 수 있기 때문에 배를 조정하는 방향타, 즉 키가 필요 없는 장치다. 선수는 낮은 온도에서도 깨어지지

우리나라 쇄빙연구선 아라온호가 남극해빙을 뚫고 전진하는 모습

않는 40mm 두께의 특수강으로 만들어졌다. 보통 배의 철판이 20mm 내외인 것을 감안하면 2배 이상 두껍고 강한 철판으로 만들어진 셈이다. 아라온호는 1m 두께의 해빙 지역에서 약 3노트(시속 약 5.5km) 속도로 연속 쇄빙하며 항해가 가능하다. 물론 그보다 두꺼운 얼음도 깰 수 있지만 매우 느리다. 승선 인원은 승조원 25명을 포함 총 85명이 탑승 가능하다.

아라온호는 연구선이기 때문에 각종 첨단 해양 관측

아라온호의 건식 실험실 모습. 극지연구소 홈페이지(http://www.kopri.re.kr/araon/)에서 아라온호 VR 체험을 할 수 있다

장비와 선내 실험실을 갖추고 있다. 배의 하부에 설치된 다중빔음향측심기는 항해 중 총 191개 음향 빔을 내보내 반사파를 수신하여 해저의 3차원 지도를 만드는 장비다. 이밖에도 다중채널탄성파 탐사장비, 해상 중력, 자력계, 30m급 중력 시추기, 정밀 어군 탐지기, 수심별 해수 온도, 염도 연속 측정기(CTD), 해수 채취기, 각종 기상장비, 위성 자료 수신기를 비롯하여 컴퓨터실, 해양 지구물리, 지질, 물리, 화학, 생물, 기상 실험실, 해양장비실, 세미나실을 갖추고 있다.

남극세종과학기지는
어떻게 생겼을까?

남극세종과학기지는 서남극의 남극반도와 평행하게 놓여있는 남셰틀랜드군도 South Shetland Islands 킹조지섬의 바톤반도 해안에 위치한다. 우리나라는 1986년 11월 남극조약에 가입한 후, 본격적인 남극 연구를 위해 1988년 2월 남극 세종과학기지를 건설하였다. 기지의 연 평균 기온은 -1.8℃, 최저 기온은 -25.6℃로 남극에서는 비교적 온화한 지역이지만 킹조지섬의 80%는 여전히 빙하에 덮여 있다.

현재 기지의 규모는 12개 동, 총면적 5,290m²이며 최대 수용인원은 78명이다. 세종기지에는 매년 약 17명의 월동연구대가 1년간 상주하며 기지 유지 업무를 수행한다. 남극 여름철인 12월에서 이듬해 2월까지는 추가로 약 100명의 하계연구대가 파견되어 다양한 분야의 극지 연구를 수행한다. 건설된 지 30년이 지난 2018년 2월 대규모 리모델링을 통해 현대식 숙소와 실험실이 건설되었다.

기지를 중심으로 기후변화, 해양, 대기, 오존층, 고기

2018년 2월 대수선 공사를 마친 세종기지의 모습 (출처: 극지연구소 홍순규)

후, 유용생물자원 연구가 진행 중이며, 기상자료는 세계기상
기구로 전송되고 있다. 또한 인근 펭귄 서식지는 남극특별
보호구역으로 지정되어 세종기지에서 관리하고 있다.

세종기지 위치 남위 62° 13´, 서경 58° 47´, 서울에서 17,240km
한국과의 시차 여름 -13시간, 겨울 -12시간
주소 The King Sejong Station, King George Island, Antarctica via
Punta Arenas, Chile (위 주소로 칠레 기지를 통해 편지, 소포 배달 가능)
전화 032-770-8570 (한국에서 직접 국내전화로 연결 가능)
전자우편 sejong@kopri.re.kr

남극장보고과학기지는
어떻게 생겼을까?

우리나라는 남극반도에 세종과학기지에 이어 남극 대륙 으로 본격 진출하기 위해 2014년 동남극 북빅토리아랜드 Northern Victoria Land 테라노바 만Terra Nova Bay 연안에 장보고과학

2014년 완공된 장보고기지는 우주기지를 닮은 독특한 디자인으로 유명하다

기지를 건설하였다. 장보고기지의 연 평균 기온은 -15.1℃, 최저 기온은 -36.4℃로 세종기지보다 훨씬 춥다. 규모는 16개 동에 총면적 4,661㎡이며 최대 수용 인원은 62명이다. 기지의 건물 모양이 매우 특이해 흡사 우주기지를 연상케 한다. 중앙의 식당, 사무실, 관측실 등 공용시설을 중심으로 숙소동, 실험동이 서로 연결되어 삼각형 모양이다.

　　장보고기지에는 매년 약 17명의 월동연구대가 1년간 상주하며 연구와 기지 유지 업무를 수행하고 있다. 장보고기지에는 남극 여름철인 10월 말에서 이듬해 3월 말까지 약 100명의 하계연구대가 파견되며 기후변화 연구, 지형 및 지질 조사, 빙하, 운석, 고층대기, 우주과학 연구 등 다양한 자료 확보와 특성화된 연구 수행이 가능한 첨단연구시설을 갖추고 있다.

장보고기지 위치 남위 74° 37.4´, 동경 164° 12.0´, 서울에서 12,740km
한국과의 시차 여름 +3시간, 겨울 +4시간
주소 The Jang Bogo Station, Terra Nova Bay, Northern Victoria Land, Antarctica (한국에서 직접 편지, 소포 배달은 불가능)
전화 032-770-8585 (한국에서 직접 국내 전화로 연결 가능)
전자우편 jangbogo@kopri.re.kr

남극기지 월동대원 선발은
어떻게 할까?

남극은 보통 12월에서 이듬해 2월 사이의 여름에만 접근이 가능하기 때문에 대부분의 과학자가 이 기간에 기지를 방문해 연구한다. 겨울에는 최소의 월동대원만 남아 기지 유지와 관측 활동을 한다. 우리나라 남극 기지의 경우 보통 연구원 5명과 전자, 설비, 발전기 운전, 중장비 정비, 조리, 의료 등 12명의 지원 인력으로 월동대를 구성한다.

겨울에는 외부로부터의 접근이 불가능하기 때문에 월동대는 장비 고장이나 환자 발생과 같은 긴급 상황이 생기더라도 스스로 대처할 수 있도록 철저한 준비와 교육이 필요하다. 남극 내륙에 세워진 러시아의 보스토크 기지에서는 월동중인 1961년 4월 29일 의사 레오니드 로고조프가 맹장염에 걸려 마취 없이 스스로 수술하여 살아나기도 했다. 1998년에는 미국 남극점 기지의 여의사 제리 닐슨이 월동 도중 유방암에 걸린 사실을 알게 되었다. 하지만 치료를 받을 수 없었기 때문에 항공기를 띄워 낙하산으로 항암제

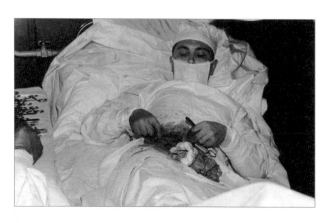

1961년 남극 겨울 기간 러시아 보스토크 기지에서 의사가 맹장염에 걸려 스스로
수술을 해야만 했다

를 공급하여 겨울을 버티고 다음 해에 미국으로 돌아가 수
술을 받았다. 남극의 겨울에 항공기가 착륙했다가는 얼어붙
어 다시 이륙할 수 없기 때문이다.

　　남극기지 월동대원은 누구보다 건강한 체력과 함께
6월부터 8월까지 3개월 내내 밤만 계속되는 길고 어두운
겨울을 버텨내는 강한 정신력도 갖추어야 한다. 우리나라
남극기지 월동대원은 전원 지원자로 구성되며 정밀 신체검
사와 심리검사를 통과하여야 한다. 1차 선발된 대원들은 약
2주간 합숙 훈련에 참여하여 안전과 환경 보호 교육을 받
고 팀워크를 다진다. 이 기간 중 체력이 떨어지거나 사회성

이 결여된 대원은 탈락하게 된다. 모든 관문을 통과한 대원들은 월동대원으로 최종 선발되어 각자 전문 분야에 대한 특수교육을 받게 된다. 예를 들어 발전기 담당자는 남극 기지에 설치된 발전기 제작회사에 보내져 기술 교육을 받으며 의사는 응급실 실습 훈련과 함께 치과 관련 기본 교육도 받게 된다. 이렇게 선발된 대원은 남극 기지에 배치되어 약 1년간 근무하게 된다.

2019년 6월 21일, 남극에서 가장 지내기 힘들다는 동지날 장보고기지에서 보내온 대원들 사진

남극에는 누구라도
기지를 지을 수 있을까?

남극은 남극조약에 따라 과학 연구를 위한 자유가 보장되기 때문에 연구 목적이라면 어떤 국가라도 여러 개의 기지를 지을 수 있다. 하지만 무분별한 기지 건설은 환경 파괴를 불러올 수 있기 때문에 유의해야 한다. 남극 대륙은 지구상에 남은 유일한 비오염 청정지역으로 천연 실험실로서의 과학적 보존 가치가 크다. 따라서 기지를 건설하고자 하는 나라는 1991년 발효된 남극조약 환경보호의정서에 따라 우선 남극조약에 환경영향평가서를 제출하게 된다. 평가서에는 기지건설 계획뿐 아니라 위치 선정, 건설로 인해 예상되는 환경피해, 동식물 영향 및 피해 저감 방안 등이 포함된다. 즉 건설 예정지 인근에 다른 나라 기지가 있는지, 건물 규모가 적정한지, 식물, 펭귄이나 물개 서식지가 있는지, 오배수 처리기 등 환경 설비를 제대로 갖추고 있는지, 환경 사고에 대응 방안이 있는지 등을 제시해야 한다. 평가서가 제출되면 남극조약 환경위원회에서 자세한 기술적인 검토 후 문제점, 수정 사항 등을 제시하고 이를 근거로 다시 환경영향평가서를 수정 제출해야 하는데 어느 한 국가라도 계속 부정적 의견을 제시하면 기지 건설을 시작할 수 없다. 남극조약의 모든 결정은 협의당사국 전원이 합의해야 하기 때문이다. 2019년 기준 남극에서 가장 많은 상주기지를 운영하는 나라는 아르헨티나로 6곳이며, 러시아(5), 미국(3), 오스트레일리아(3), 중국(2) 등도 복수의 기지를 운영하고 있다.

다른 나라의 남극 기지는
어떻게 생겼을까?

2019년 기준 남극에는 21개국에서 40개의 상설기지와 여름에만 운영되는 하계기지까지 합하면 30개국의 76개 기지가 설치되어 있다. 그중 남극의 내륙에 건설된 상설기지는 3개에 불과한 것을 보면 내륙은 혹독한 환경으로 기지 운영이 매우 어렵다는 것을 짐작할 수 있다. 남극에서 운영되는 각국의 대표적인 기지는 다음과 같다.

미국의 남극점 아문센-스콧 기지

'국제 지구물리의 해'였던 1956~57년에 해발 2,835m 남극점 빙상 위에 건설되었으며 연 평균 기온은 -49℃다. 기지는 빙상이 흐르면서 같이 움직여 매년 약 10m씩 이동하고 있기 때문에 극점 표지판도 매년 정확한 위치로 옮긴다. 내륙 기지는 시간이 지나면서 점차 눈에 파묻히기 때문에 주기적으로 새로 지어야 한다. 아문센-스콧 기지도 1975년과 2008년 두 번에 걸쳐 새로 지었다. 현 건물은 눈에 파묻히는 것에 대비해 매년 전체 건물을 조금씩 들어 올릴 수 있도록 기둥에 유압식 상승 장치를 설치하였다. 기지의 건물 면적은 16,000m²로 최대 수용 인원은 153명이며 여름에는 약 150명 겨울철에는 약 50명의 인원이 상주한다. 주요 연구 분야는 천문, 우주 관측, 대기물리와 화학 관측, 빙하, 극지의학이다. 대부분의 물자와 인력 수송은 여름에 맥머도 기지로부터 LC-130 허큘리스 수송기에 의해 이루어지는데 최근에는 연료를 연 1회 육로를 통해 보급하고 있다. LC-130은 C-130 군 수송기의 타이어 밑에 스

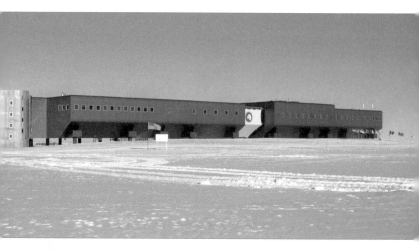

남극점에 세워진 미국의 아문센–스콧 기지

미국의 남극점 아문센–스콧 기지. 오른쪽 건물이 새 기지이며, 왼쪽에 돔형의 옛날 건물도 보인다

키를 달아 빙설 지역에 착륙할 수 있도록 개조한 항공기다.

미국은 남극점 아문센–스콧 기지, 로스섬 맥머도 기지 외에도 서남극에 파머 기지까지 총 3개의 남극 상주 기지를 운영하고 있으며 연간 약 3,000명이 활동하고 있다.

러시아 보스토크 기지

지구상 가장 추운 극점 혹은 지구물리 극점에 위치하고 있다는 보스토크 기지는 4,000m 두께의 빙상 위에 세워졌다. 해발고도가 3,488m인 점을 고려하면 빙상 밑의 지형은 해수면보다 500m나 낮은 분지라는 의미다. 기지는 1957년 12월 개소되었으며 연평균 기온은 -55℃, 겨울철 최저 기온은 -89.4℃다. 건물 면적은 4개 건물 600m² 정도로 작은 편이며 여름철 최대 30명 겨울철에는 15명이 상주하며 기후변화, 지구물리, 빙하 등을 연구한다. 너무 추워서 기지에 샤워 시설이 없으며 온실 재배도 불가능하다. 기지 보급은 1년에 한 번 해안가에 위치한 미르니 기지로부터 육로를 통해 이루어진다.

러시아는 보스토크, 미르니 이외에도 벨링스하우젠, 노보라자레브스카야, 프로그레스 등 총 5개 남극 상주기지를 러시아 남북극연구소에서 운영하고 있다.

러시아 남극 보스토크 내륙기지

프랑스-이탈리아 콩코르디아 기지

콩코르디아 기지는 프랑스 극지연구소와 이탈리아 남극연구 프로그램이 공동 운영하는 내륙 상설기지 중 하나다. 해안으로부터 1,100km 떨어진 동남극의 돔 C에 위치하며 해발고도는 3,233m다. 기온은 연평균 -52.1℃, 여름에도 -25℃ 이상으로 오르지 않으며 겨울철에는 -80℃ 이하로 떨어지기 때문에 동식물이 전혀 존재하지 않는다. 돔 C는 남극에서 가장 긴 빙하 시추가 이루어졌던 곳으로 지난 80만 년 동안의 지구 기후 역사에 대한 가장 정확한 자료를 제공하였다. 콩코르디아 기지는 원래 2004년 완료된 돔 C 빙하 시추를 지원하기 위해 1999~2005년 사이에 건설되었으며, 위치는 두꺼운 빙하 시추와 천문 관측 연구에 가장 적합한 곳을 선정하였다. 빙하 시추는 유럽 남극빙하시추프로젝트^{EPICA}에 따라 진행되었기 때문에 콩코르디아 기지는 유

프랑스-이탈리아 공동 남극 콩코르디아 기지

럽의 남극 공동기지라는 개념을 가지고 있다. 건물 면적은 총 3,605m²이며 수용 인원은 최대 80명에 겨울철에는 13명이 상주하며 관측을 수행하고 있다. 비교적 최근에 건설되었기 때문에 독특한 두 개의 사일로 모양의 건물과 최첨단 설비가 갖추어진 현대식 기지다. 기지 위치가 천문 관측과 위성 센서 보정 등에 적합하기 때문에 태양 활동과 지자기 관측 시설이 집중 설치되어 있다. 콩코르디아 기지는 우주정거장, 달, 화성 기지와 유사성이 많기 때문에 설계 당시부터 유럽우주기구ESA와 밀접하게 협력하고 있다. 주 보급은 프랑스 뒤몽드빌 기지에서 육로로 이루어지며, 인력은 항공기를 이용해 이탈리아 마리오주켈리 기지를 통해 수송된다.

미국 맥머도 기지

남극 최대 기지인 미국 맥머도 기지는 85개의 크고 작은 건물들로 이루어져 있는데 건물 면적만 32,000m²에 최대 수용 인원은 1,200명에 달하며 겨울철에도 150명이 상주한다. 미국은 남극 활동에 연간 약 3,000명의 인원이 참여한다. 기지는 1955년 12월 로스섬 헛포인트반도 끝 해안가 화산암 위에 세워졌으며 헬기장과 부두 시설을 비롯하여 인근 로스빙붕 위에 설치한 빙상 활주로 등 총 6개의

미국의 맥머도 기지 전경. 여름철 최대 1,200명이 거주해 작은 마을을 방불케 한다

활주로를 갖추고 있다. 미국 남극 연구의 중심 기지로 대기물리, 화학, 기후변화, 지질, 지구물리, 빙하, 해양생물 및 해양학 연구 등이 수행되고 있다. 인력 수송은 주로 미국 공군의 지원을 받아 C-17 수송기를 통해 이루어지며 맥머도 기지에서 남극점 사이 운항은 LC-130 수송기가 담당하고 있다. 연료와 기타 보급품은 연중 1회 선박을 통해 보급된다. 미국의 3개 남극 기지 운영은 미국과학재단과의 계약에 따라 민간기업인 레이시온에 위탁하고 있으며 항공기 운영은 미국 공군이 지원하고 있다.

영국의 핼리 기지

영국의 핼리 기지는 1956년 대서양에 면한 브런트 Brunt 빙붕에 건설된 오랜 역사를 가진 기지다. 빙붕의 얼음 위에 건설된 기지들은 시간이 지남에 따라 빙붕과 함께 움직이다가 결국 바다 속으로 사라진다. 따라서 현재의 기지는 핼리 VI로 6번째 새로 지은 기지인 셈이다. 핼리 VI는 지난 5개의 기지를 거울삼아 움직일 수 있는 기지로 설계하였다. 즉 총 2,000m² 시설을 컨테이너 모양의 8개 모듈로 나눠 연결하였는데, 각 모듈은 하부 기둥 밑에 스키를 달아 트랙터로 끌어 이동 가능하도록 설계되었다. 총 52명 수용이 가능하며 겨울에는 13명이 생활한다. 핼리 VI는 2012년 준공 후 상설 운영하던 중 2014년 7월 정전 사고로 일부 모듈

영국 남극 핼리 기지는 스키 위에 설치되어 쉽게 이동 가능하다

을 폐쇄하고 남은 모듈로 대피하여 지내기도 했다. 최근에
는 기지 근처에서 대규모 얼음 균열이 발생해 2017년 2월
기지를 내륙으로 23km 이동하고 겨울에는 기지를 폐쇄하
였다. 그 후 근처에서 또 다른 균열이 발견되어 2018년 겨
울에도 폐쇄하고, 빙붕의 안정성이 확인되지 않아 2019년
겨울 역시 폐쇄하였다. 기상, 기후변화, 대기물리, 화학 관측
등 장기적인 대기관측 연구가 진행되는데 특히 1985년 남
극 오존층 감소 현상을 처음 발견하기도 했다.

영국은 핼리 기지 이외에도 로데라 기지를 영국 남
극조사소에서 상설 운영하고 있다.

독일 노이마이어 기지

현재 노이마이어 III 기지는 남극 대서양 지역 드로
닝 모드 랜드에 있는 에크스토롬 빙붕에 설치되어 있다. 영
국의 핼리 기지처럼 이동하는 빙붕을 따라 1981년 처음 세
워진 노이마이어 기지는 2차례 바다 속으로 소멸하였고 현
재 노이마이어 III 기지는 2009년 다시 세워졌다. 현 기지는
빙붕 끝에서 20km 내륙에 위치하며 빙붕은 매년 250m 속
도로 움직이고 있다. 건물 면적은 4,473m²이며 눈 표면에서
7m 위에 2층 구조로 건설되어 매년 조금씩 들어 올릴 수

독일 남극 노이마이어 III 기지 조감도

독일 코넨기지는 내륙으로 600km 지점에 건설되었다

있도록 설계되었다. 수용 인원은 최대 50명으로, 겨울철에는 9명이 운영하고 있다. 주 연구 분야는 기후변화, 대기화학, 빙하, 지구물리 관측 등이다. 물자보급은 주로 쇄빙선 폴라스턴호에 의해 이루어진다. 독일은 알프레드 베르너 극지해양연구소에서 노이마이어 기지 외에 600km 내륙에 코넨 기지를 하계 기간에 운영하고 있다.

일본 쇼와 기지

1957년 인도양에 면한 엔더비랜드의 류츠홈만에 위치한 옹글섬에 세워진 일본의 쇼와 기지는 계속 건물이 증축되어 현재 건물 면적이 7,480m²에 달하며 최대 130명 수용 인원에 겨울철 40명이 상주한다. 쇼와 기지에서는 특히 고층대기물리 연구가 많이 수행되었으며 이 밖에도 천문, 대기, 지진, 중력 관측 연구 등이 수행되고 있다. 또한 내륙 빙하 시추를 위해 돔 F에 건설된 후지 기지를 지원하는 역할도 맡고 있다. 일본 극지연구소는 과거 내륙에 아스카 기지와 미즈호 기지를 운영한 바 있으나, 지금은 모두 눈 속에 파묻히고 쇼와 기지만을 상설 운영하고 있다. 기지 보급은 연중 1회 쇄빙선 시라세 2호가 담당하는데, 쇼와 기지가 위치한 엔더비랜드는 남극에서도 가장 들어가기 힘든 난빙 지

일본 남극 쇼와 기지

역으로 여름철에도 기지에 접근하지 못하는 해가 있어 운영에 어려움을 겪고 있다.

중국 중산 기지

중산 기지는 1989년 동남극 프리츠만 라스만힐에 위치한 중국의 2번째 남극기지로 2개 숙소동, 연구 시설, 발전동, 오배수 처리동 등 건물 면적이 총 7,400m²에 달한다. 총 60명을 수용할 수 있는 규모이며 겨울 기간 19명이 상주

중국 남극 태산 기지

한다. 대기물리화학, 지질, 기상, 육상생물, 미생물 연구 등이 수행되고 있다. 중산 기지는 내륙으로 진출하는 전진 기지 역할을 맡고 있어서 돔 A에 건설된 곤륜 기지 지원을 위한 육상 트레버스 팀의 출발지이며 2014년에는 양 기지 중간 지점에 태산 기지를 건설한 바 있다. 태산 기지는 중산 기지에서 522km

중국 남극 중산 기지

떨어진 해발 2,600m 빙원 위에 설치되었으며 20명을 수용할 수 있는 710m² 규모의 건물이다. 중산 기지의 물자 보급은 연 1회 쇄빙선 설룡호에 의해 이루어진다.

중국극지연구소는 중산 기지, 곤륜 기지, 태산 기지 외에도 킹조지섬에 장성 기지까지 포함해 2개의 상주기지와 2개의 하계기지를 운영하고 있다. 또한 2018년부터 장보고기지에서 약 30여 km 떨어진 로스해 인익스프레서블섬에 제3의 상주기지를 건설 중이다.

북극다산과학기지는
어떻게 운영될까?

우리나라가 2002년 4월 29일 설립한 북극다산과학기지는
노르웨이령 스발바르군도, 스피츠베르겐섬에 위치한 뉘올레
순Ny-Ålesund, 북위 78° 55′, 동경 11° 56′ 과학기지촌 내에 위치해 있다.
이곳에 가려면 우리나라에서 노르웨이 수도 오슬로를 거쳐,

다산기지가 위치한 뉘올레순에는 우리나라를 비롯한 10개국의 북극기지가
설치되어 있다

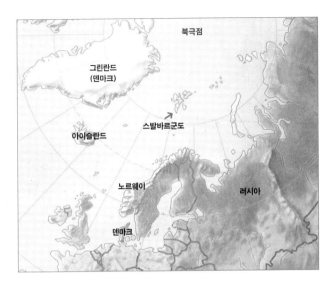

우리나라 다산기지는 노르웨이 북쪽 스발바르 군도에 위치한다

북극권 도시인 트롬쇠에서 북쪽으로 바다 건너 1,047km를 날아가야 한다. 우리나라에서는 무려 6,400km나 떨어져 있어 비행기로 가면 18시간이나 걸린다. 높은 위도에 비해 바다의 영향으로 비교적 따뜻해 연평균 -6℃이지만 겨울철 최저 기온은 -37℃까지 떨어진다. 4월 20일경부터 8월 20일까지는 하루 종일 해가 지지 않는 백야가 계속되며 반대로 10월 20일경부터 2월 중순까지는 밤이 계속된다.

    북극다산과학기지는 비상주기지로 운영 중이며, 매

북극 스발바르 뉘올레순에 위치한 다산기지

년 주로 여름철(6월~9월)에 약 60여명의 국내외 연구자들이
하계 연구 활동을 위해 방문한다. 뉘올레순 과학기지촌에는
우리나라 외에도 노르웨이, 독일, 영국, 프랑스, 이탈리아, 네
덜란드, 일본, 중국, 인도의 10개국 북극과학기지가 함께 위
치하는데 기지촌의 운영과 유지관리는 노르웨이 국영회사
인 킹스베이Kings Bay AS에서 담당한다. 뉘올레순은 연중 항공
기가 운영되어 접근이 쉽고, 위도가 높으며, 오염되지 않은

환경으로 오로라 등 고층대기, 지구 환경변화 연구에 유리하다.

북극다산기지 위치 북위 78° 55´, 동경 11° 56´, 서울로부터 약 6,400km
한국과의 시차 여름 −7시간, 겨울 −8시간
주소 The Dasan Arctic Station, N−9173 Ny−Alesund, Norway
　　　(위 주소로 노르웨이를 통해 편지, 소포 배달 가능)
전화 +47−79−02−6844 (한국에서 국제전화로 연결)
전자우편 dasan@kopri.re.kr

우리나라가 극지 연구를
시작하게 된 계기는?

우리나라는 1970년대 말부터 남극해에 크릴 시험조업선을 보내면서 극지에 관심을 갖게 되었다. 그 후 1985년 11월 한국해양소년단이 남극관측탐험대를 킹조지섬에 보내고 남극 최고봉인 빈슨산 등정에 성공하면서 첫발을 내딛게 되었다. 남극관측탐험대에 당시 해양연구소 과학자 2명이 참가했다. 이를 계기로 정부는 남극의 중요성을 인식하고 우선 1986년 11월 세계 33번째로 남극조약에 가입하였다. 곧이어 당시 전두환 대통령은 1987년 신년 업무보고에서 남극

남극세종기지 건설 자재 운반을 위해 울산항을 출발하는 HHI-1200호

세종기지 건설단이 1987년 12월 킹조지섬 바톤반도에 상륙했다

에 과학기지를 가능한 빨리 세우도록 지시하고 1987년 2월
부터 기지 건설에 대한 계획이 수립되었다. 당시 우리나라는
극지역에서 건설 경험이 없고 전문가도 전무하여 매우 힘든
작업이었다. 건설사업은 해양연구소가 주관하여 설계는 현
대엔지니어링, 수송은 현대중공업, 시공은 현대건설에 맡겼
다. 건설선HHI-1200은 1987년 10월 울산항을 출발하여 칠레

1988년 세종기지 건설 후 전경

를 거쳐 12월 15일 건설 현장에 도착했다. 그 후 불철주야 작업을 거쳐 1988년 2월 17일 킹조지섬 바톤반도에 세종 과학기지를 건설하였다. 이처럼 남극에서 부지 선정부터 설계, 자재구매, 제작, 운반, 건설까지 1년 만에 속전속결로 끝 낸 것은 전세계에서 우리나라나 가능한 전무후무한 기록일 것이다. 그 후 우리나라 극지 연구는 오랜 침체기를 거친 후 노무현 대통령 시절 아라온호 건조, 이명박 대통령 시절 장보고기지 건설을 통해 발전을 거듭하였다.

2. 남극과 북극은 어떤 곳일까?

아라온호에서 본 북극 오로라. 출처: 극지연구소

지구에는 남극과 북극이 여러 개 있다?

\

지구의 북극점은 그 정의에 따라 진북극, 자북극, 지자기 북극, 도북극이 서로 다르다. 남극도 마찬가지로 진남극, 자남극, 지자기 남극, 도남극이 있다. 진북극이란 지구의 자전축이 지표면과 만나는 점을 의미하는데, 이는 지도상 위도와 경도를 정하는 기준이다. 지구의 자전축은 태양 공전면에 수직이 아니라 수직으로부터 23.5° 기울어져 있는데, 이렇게 자전축이 기울어져 있기 때문에 우리나라와 같은 중위도 지방에서 봄, 여름, 가을, 겨울의 사계절이 나타난다.

자북극은 지자기 복각이 90°인, 즉 나침반이 90°로 곤두서는 지점을 의미하는데 실제 나침반은 지구 어디서나 이 지점을 가리키고 있다. 자북극은 20세기 초 캐나다 북극권(북위 70°)으로부터 이동하여 2015년 진북극점에 근접했다가 현재 러시아 시베리아 쪽으로 연간 약 30~40km씩 이동하고 있으며 최근 이동 속도가 점점 빨라지고 있다. 자남극 또한 현재 진남극에서 2,800km 이상 떨어져 있고, 현재 남

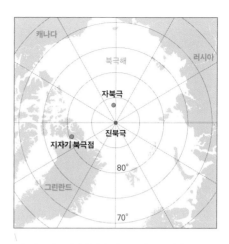

남·북극점은 정의에 따라 진북극, 자북극, 지자기 북극
등 여러 개가 있을 수 있다

극 대륙을 벗어나 남극해에서 오스트레일리아 대륙 방향으로 연간 10~15km씩 이동하고 있다. 자북극점과 자남극점은 지구 중심으로부터 서로 일직선상의 반대편에 있지 않고 약간 어긋나 있다.

지자기 북극은 이론적으로 지구 중심에 한 개의 자석(쌍극자 모형)이 있다고 가정할 때 그 연장선이 북반구 지표면과 만나는 지점이다. 지자기 쌍극자는 지구 회전축에서 약 11° 기울어져 있다. 지자기 쌍극자 모델로부터 지구상 90%의 지역에서 지자기의 방향과 세기를 정확히 추정할 수 있다.

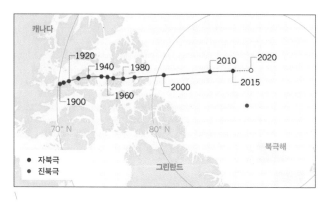

현재의 자북극점은 캐나다 북극권에서 시베리아 방향으로 연간 30~40km씩 이동하고 있다

    도북이란 지도를 만들면서 발생하는 문제를 해결하기 위해 만든 것이다. 지도는 사각형인데 실제 지구는 평면이 아닌 타원체이기 때문에 문제가 발생한다. 지구 타원체를 펼치면 당연히 북쪽의 위도선이 좁아지고 양 좌우의 경도선은 좁아져 북쪽 위도선만큼 찌부러지게 된다. 또 지도 축척에 따라 찌부러진 정도가 다르게 나타나게 되며 같은 지도 내에서도 위치에 따라 진북과 자북이 달라진다. 따라서 이런 혼란을 피하고 사용자의 편의를 위해 지도마다 도북을 따로 표시한다.

남극과 북극의 차이는?

\

1. 북극점은 2~3m 정도의 해빙으로 덮여 있는 4,000m 이상 깊은 바다 위에 있고 남극점은 3,000m 이상 두께의 빙하에 덮여 있는 대륙 위에 있다. 북극은 대부분 바다이고 남극은 대륙이다. 남극 빙하는 최소 100만 년 동안 쌓인 눈으로 만들어진 민물로 되어 있고 북극 해빙은 바다의 짠물이 얼어 만들어졌다.

2. 북극점 평균 기온은 여름철 0℃, 겨울철 -40℃이며, 남극점은 여름철 -28℃, 겨울철 -60℃다. 남극점이 더 추운 이유는 대륙이라 바다의 영향이 적고 고도가 3,000m 정도로 높기 때문이다.

3. 북극에는 동식물이 풍부하며 대표적으로 북극곰이 살고 있지만, 남극에는 상대적으로 생물량이 적고 펭귄이 대표적 동물이다. 즉 남극에는 곰이 없고 북극에는 펭귄이 없지만, 고래와 갈매기는 양 극지에다 살고 있다. 펭귄과 북극곰은 동물원이 아니면 만

날 수 없다.

4. 북극에는 그린란드, 캐나다, 알래스카, 시베리아 등 북극해 연안에 약 4백만 명의 이누이트라 불리는 북극 원주민이 살아왔지만 남극에는 원주민이 전혀 없다.

5. 북극에는 미국, 러시아, 캐나다, 노르웨이, 덴마크(그린란드), 핀란드, 스웨덴, 아이슬란드의 영토가 포함되는 반면 남극은 현재 남극조약에 의해 누구도 영토권을 행사할 수 없다. 남극은 남극조약에 의거 공동 관리되고 있지만 북극은 국제적 관리기구가 없다.

6. 북극에서는 지구 온난화로 해빙이 감소함에 따라 육상 및 대륙붕 석유 자원 개발과 새로운 항로 개발 등 경제적 이용이 가속되고 있지만, 남극은 남극조약 환경보호의정서에 따라 2048년까지 광물자원 개발이 금지되어 있다. 2048년 이후 개발 여부는 그때 다시 논의할 예정이다. 현재 남극 주변 남극해에서의 상업적 어업은 이루어지고 있으며 남극해양생물보존협약에 따라 어획량이 국제적으로 관리되고 있다.

7. 지구 온난화 등 과학적으로 남북극 모두 중요하지만, 북극은 특히 북반구 겨울철 한파와 여름철 폭염 등 이상 기후의 주범으로 연구 대상이 되고 있으며, 남

북극해

남극 대륙

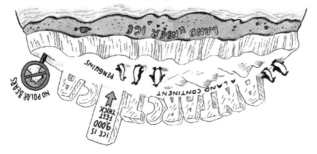

북극은 대부분 대륙에 둘러싸인 바다인 반면, 남극은 얼음으로 덮인 대륙이다

극은 오존층 파괴, 빙하가 녹아 발생하는 해수면 상승이 중요 관심사다. 극지의 과학적 중요성이 높아짐에 따라 국제적 연구 협력을 위해 국제북극과학위원회IASC, International Arctic Science Committee와 남극과학연구위원회SCAR, Scientific Committee on Antarctic Research가 구성되어 있다.

남극과 북극의 경계는
어디에 있을까?

\

극 지역의 경계는 여러 방법으로 정의할 수 있다. 우선 과학적인 면에서 위도 66.5° 이상의 지역을 북극권 혹은 남극권이라 부른다. 이는 지구의 자전축이 태양 공전면의 수직선에서 23.5° 기울어져 있기 때문에 위도 66.5°를 넘어서면 하루 종일 해가 전혀 뜨지 않거나 혹은 지지 않는 날이 1년에 하루 이상 존재하게 된다. 고위도로 갈수록 해가 뜨거나 지지 않는 날이 점차 늘어나게 되어, 극점에 가면 1년에 한 번만 해가 뜨거나 지게 되어 반년은 낮만 계속되고 반년은 밤만 계속된다.

　　실용적인 면에서 북극 지역의 기준은 연중 가장 따뜻한 7월 평균 기온이 10℃를 넘지 않는 지역으로 정의한다. 이를 경계로 남쪽에는 수목이 사는 타이가 기후 지역이, 북쪽으로는 연중 얼어 있는 땅인 툰드라 지역이 존재한다. 이처럼 북극 지역에는 바다와 육지가 함께 존재하기 때문에 기후와 식생이 지역마다 매우 다양하다.

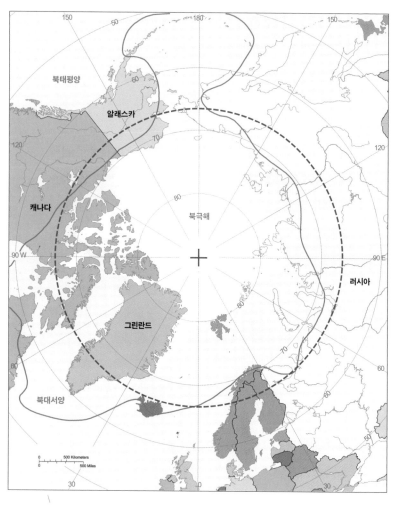

북극권의 범위는 북위 66.5°(파란 점선) 이북 혹은 7월 평균기온이 10℃ 이하인 지역(붉은 실선)인데, 이는 나무가 자랄 수 있는 북쪽 한계선이기도 하다

남극 지역의 경계는 북극과는 다소 다르다. 남극 지역은 우선 남극조약에 따라 국제법상 남위 60° 이남 지역을 의미한다. 또한 과학적 의미로 남위 66.5°의 남극권 이외에 남극의 찬 바닷물과 북쪽의 따듯한 바닷물이 만나는 남극수렴선을 경계로 하기도 하는데, 남극수렴선은 대략 위도 50~60° 사이에 불규칙하게 존재한다. 남극 지역에도 바다와 육지가 함께 존재하지만 식생이 적어 비교적 쉽게 경계가 정해질 수 있다.

남극과 북극의 크기는
얼마나 될까?

\

남극은 대륙이고 북극은 북극해와 주변 대륙의 일부로 이루어져 있다. 위성에서 보면 두 곳 모두 하얗게 얼음으로 보이지만, 실제 남극은 대륙 위로 평균 2,100m 두께의 빙상이 덮여 있는 반면, 북극은 바다 위에 약 2~3m 정도의 해빙으로 덮여 있다.

　　남극 대륙의 면적은 약 1,400만 km²로 지구 전체 육지 면적의 10% 혹은 지구 전체 면적의 약 2.8%를 차지한다. 이 크기는 중국과 인도를 합한 정도의 크기이며 오스트레일리아 대륙의 약 2배에 달한다. 우리 한반도에 비하면 62배에 달하는 엄청난 크기다. 남극 주변 남극해(혹은 남빙양이라고 부름)의 크기가 2,000만 km²에 달하니 대륙을 포함한 남극 지역의 총면적은 지구 총면적의 6.8%에 달한다. 북극해의 면적은 약 2000만 km²로 지구 전체 바다의 약 3.3%, 지중해의 4배에 달하는 큰 바다다.

　　따라서 남극과 북극 지역을 모두 합친 극 지역은 지

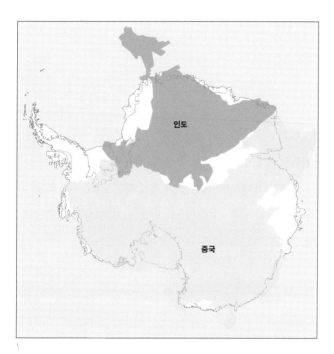

남극 대륙은 중국과 인도를 합한 것 만큼 크다 (출처: 극지연구소)

구 전체 면적의 9%를 차지하고 있다. 따라서 크기만으로 보더라도 지구의 전체적 환경을 이해하기 위해서는 극 지역에 대한 이해가 반드시 필요하다.

지구에서 가장 추운 곳은
어디일까?

\

남극은 지구상에서 가장 추운 곳이다. 우선 위치가 지구의 극 지역이기 때문에 태양광을 적게 받기도 하지만 항상 눈과 얼음으로 덮여 있어 태양광의 80%가 다시 우주로 반사되어 버린다. 또한 고도가 높고, 대기가 매우 건조하며, 바람을 막아줄 지형지물이 없기 때문에 더욱 추위를 느끼게 된다. 대륙 주변 해안가는 고도가 낮고 바다의 영향으로 덜 춥지만 내륙 고지대로 갈수록 점점 추워진다. 위도로만 따지면 남극점이 가장 추울 것 같지만 실제로는 고도가 더 높은 러시아 보스토크 기지가 가장 춥다(책 뒤 면지의 남극 지도에서 위치 참조). 보스토크 기지에서 측정한 공식 최저 기온은 1983년 7월 21일 -89.6℃이며 비공식 기록으로는 1997년 -91.0℃까지 내려갔다고 한다. 이는 자연 상태에서 기록된 지구상 최저 기온이다. 보스토크 기지는 해발 3,488m에 있어 백두산보다 높고 연평균 기온이 -55.4℃로 얼음 이외에 물은 아예 없다. 따라서 남극 내륙 기지에서의 가장 큰 문제는 물 부족 문제인데 4,000m 두께의 얼음 위에 앉아서 물 걱정을 하다니 아이러니가 아닐 수 없다. 실제 남극 내륙 지역은 지구상에서 가장 건조한 사막이기도 하다. 워낙 춥기 때문에 대기가 함유할 수 있는 물의 양이 매우 작아 연평균 기온이 20℃인 지역에 비해 2% 정도만 가능하다. 남극 내륙 지역에 1년 동안 내리는 눈의 양을 물로 환산하면 50mm 미만이다. 연 강수량이 250mm 이하이면 사막이라 부르는데 사하라 사막의 연 강수량이 180mm 정도이니 진정 세계에서 가장 건조한 사막은 남극 대륙이라고 할 수 있다.

	2019년 6월 16일			2019년 6월 17일			
	오전	오후	저녁	밤	오전	오후	저녁
날씨	☁	☁	☁	☁	☁	☁	☁
기온	-64℃	-61℃	-60℃	-59℃	-59℃	-58℃	-59℃
	대체로 흐림	대체로 흐림	대체로 흐림	대체로 흐림	대체로 흐림	대체로 흐림	대체로 흐림
체감온도	-85℃	-83℃	-83℃	-82℃	-82℃	-80℃	-80℃
풍속	18km/h	22km/h	23km/h	26km/h	24km/h	24km/h	21km/h
풍향	NW	WNW	WNW	WNW	WNW	WNW	WNW
습도	100%	71%	56%	52%	54%	52%	52%
이슬점	-64℃	-64℃	-64℃	-64℃	-63℃	-63℃	-63℃
가시거리	6km	6km	6km	7km	7km	6km	6km
강수확률	9%	11%	12%	11%	9%	8%	10%

* Updated 2019년 6월 16일 일요일 오전 12:09:24. Vostok Station time - Weather by CustomWeather, ⓒ 2019

2019년 6월 16일 러시아 남극 보스토크 기지 기상 상황. 오전 -64℃에 체감온도는 -85℃에 달한다

지금까지 남극에서 관측된 최고 기온은 1974년 1월 5일 해안가에 있는 뉴질랜드 반다 기지에서 관측된 15℃였다(책 뒤 면지의 남극 지도에서 위치 참조). 남극 내륙에서의 평균 기온은 겨울철 -70~-40℃, 여름철 -35~-15℃이며, 해안가는 상대적으로 따뜻해서 겨울철 -32~-15℃, 여름철 -5~5℃ 정도다. 지역적으로는 남극반도 지역이 가장 따뜻하다.

남극은 왜 북극보다 더 추울까?

\

북극은 남극보다 조금 따뜻하다. 북극지방의 가장 추운 1월 평균 기온은 –34~0℃ 정도인 반면, 남극 내륙 지역은 연평균 기온이 –55℃에 달한다. 남극에 비해 북극이 따뜻한 이유는 대륙이 아니라 바다이기 때문이다. 즉 남극 대륙을 덮고 있는 얼음은 태양빛을 반사하지만, 북극의 바다는 태양열을 흡수하고 저장하는 역할을 한다.

지구의 지표 기온을 결정하는 요인은 기본적으로 지구가 태양으로부터 받는 복사 에너지다. 태양으로부터 지구에 도달하는 초당 평균 340W/m²의 에너지에서 대기 중 구름에 흡수되거나 다시 우주로 반사되는 열을 빼면 대략 반 정도의 에너지가 지표까지 도달한다. 그런데 태양으로부터 받는 복사에너지의 양은 위도에 따라서도 달라져 극 지역에서는 적도에서 받는 에너지의 절반 미만만 받게 된다. 게다가 극 지역은 눈이나 얼음으로 인해 태양 반사율이 높아, 적도 지방의 반사율이 10%라면 극 지역은 80%에 달한다.

따라서 저위도 지역에서 받는 태양 에너지는 남고 고위도로 가면 에너지가 부족하게 된다. 만약 지구상 에너지 순환이 일어나지 않는다면 적도 지역은 기온이 계속 올라가는 반면 극지방은 계속 추워질 것이다. 그러나 대기 순환 또는 바다 해류에 의해 끊임없이 에너지가 순환되고 있어 지구는 평균 15℃의 기온을 유지하고 있다. 따라서 장기간의 기후를 결정하는 요인은 태양의 복사에너지뿐 아니라 지구 전체의 에너지 순환이 중요하다.

남극은 다른 대륙과 완전히 떨어져 있으며 주변 남극해에는 남극 대륙을 시계방향으로 감싸고 도는 남극순환류가 발달해 있다. 남극순환류 때문에 저위도 지역에서 고위도로 열을 전달할 수 있는 해류가 차단되어 남극 대륙은 추워지게 된다. 반면 북극은 북대서양과 연결되어 있고 베링해협을 통해 태평양과도 연결되어 저위도의 에너지가 해류를 통해 유입될 수 있으므로 상대적으로 덜 춥다.

오로라는 왜 남극이나 북극에서 주로 관찰될까?

\

오로라는 태양으로부터 방출되는 고에너지 입자인 플라스마(주로 양성자와 전자로 구성)가 지구에 도달하여 지구 고층대기의 구성 입자들과 충돌해 에너지가 빛으로 발산되는 현상이다. 이는 TV 브라운관과 같은 원리인데 브라운관 후면 전자총에서 전자가 고전압으로 가속되어 형광물질을 칠한 전면에 충돌하며 빛을 내게 된다. 즉 오로라는 태양에서 일어나는 활동이 지구상 TV로 중계되는 것과 같은 원리다. 그런데 태양풍이라고도 불리는 플라스마는 전기를 띠고 있기 때문에 지구 자기장에 도달하면 자기장을 뚫지 못하고 대부분 지구 자기장을 따라 양 자극 쪽으로 날아가 모이게 된다. 이렇게 반대편에 모인 플라스마의 일부는 극지방 자기장의 빈틈을 따라 지구 대기로 내려와 고층대기 입자들과 충돌하기 때문에 오로라는 극지방에서 주로 볼 수 있다.

오로라는 녹색으로 많이 나타나는데 그 이유는 플라스마가 고층대기의 산소 입자와 충돌하여 나타나는 색이

아라온호에서 관찰된 북극 오로라

며, 적색 오로라 역시 산소 입자에서 방출되는데 높이에 따라 색깔이 다르게 나타난다. 즉 지상 90~150km 고도에서는 녹색 오로라가 주로 관측되고 그보다 높은 고도에서는 적색 오로라가 관측된다. 적색 오로라는 높은 고도에서 방출되기 때문에 보기가 쉽지 않다. 태양의 폭발로 인한 대규모 태양풍이 발생하면 많은 에너지가 지구로 유입되어 밝은 적색 오로라가 나타나며 저위도 지역에서도 일부 관측된다. 또한 태양 흑점 활동이 활발해지면 강한 오로라가 더 자주 발생하는데, 1985년 9월 17일 자정 무렵에 미국 로키산맥 부근에서 관측된 오로라는 신문을 읽을 수 있을 정도로 밝았다는 기록이 있다.

오존홀은 왜
극지에서 나타날까?

\

 지구 오존은 대기 성층권 25~30km 상공에 90% 이상 존재하는데 지표에 도달하는 태양열을 감소시키고 태양광선 중 자외선을 흡수하여 지상에 사는 생물체를 지켜주는 커튼 역할을 한다. 인간이 자외선에 많이 노출되면 피부암, 피부 노화, 안구의 백내장 증가 등이 초래되며 바다의 식물플랑크톤 등이 감소해 먹이사슬이 파괴되고 식물 성장이 저해되는 등 큰 문제를 야기한다. 지구 특정 지역의 오존량이 감소하여 발생하는 오존홀(구멍)은 1980년대 초 남반구 봄철(9~10월) 남극 상공에서 최초 발견되어 큰 관심을 끌었다. 남극 오존층 감소는 인공 화학물질인 CFC 가스(제품명 프레온)가 남극의 독특한 대기 현상과 상호 화학 작용을 일으켜 발생한다. 즉 남극의 겨울에서 이른 봄 사이에는 강한 제트류polar vortex가 형성되어 외부 공기가 들어오지 못하는데, 이때 대기 중 프레온이 오존과 화학 반응해 오존을 파괴한다. 프레온은 에어컨 냉매, 캔 분사제, 스티로폼 분사제, 반도체

세정제 등으로 광범위하게 사용된 인공 화합물이다. 남극 오존홀은 11월이 지나면 다시 회복되는데 남극에서 처음 발견된 이후 북극에서도 관측되었으며 적도를 제외한 지구 모든 지역에서 확인되고 있다.

이 문제를 해결하기 위해 1987년 몬트리올 협약을 체결하여 2010년까지 세계적으로 프레온의 사용과 생산을 중단하기로 했다. 그러나 프레온은 화학적으로 대단히 안정적인 물질이라 당장 사용을 중단하더라도 약 100년간 대기 중에 남아 있기 때문에 그 영향에서 벗어나기 위해서는 상당한 시간이 필요하다. 만약 남극에서 오존홀이 관측되지 않았다면 우리는 지금도 프레온을 대량으로 사용하고 있을 것이다.

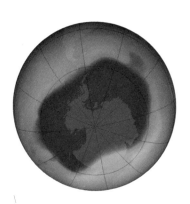

2006년 9월 남극 상공에 발생한 사상 최대의 오존홀 (출처: 미국 항공우주국NASA)

극지 연구에 인공위성은
왜 효율적일까?

\

극 지역이나 먼바다처럼 사람이 살지 않거나 접근하기 힘든 지역은 인공위성을 이용해 관측하는 것이 매우 효과적이다. 이와 같이 인공위성이나 항공기를 이용해 먼 거리에서 지구 표면의 정보를 얻는 기술을 원격탐사라고 부른다. 원격탐사 기술은 주로 사진을 찍어 보내온 영상 자료를 분석하지만 위성에서 측정된 지구 중력이나 자력 자료를 활용하기도 한다. 극 지역 원격탐사는 광범위한 지역에 대하여 지구 온난화에 따른 빙하나 해빙 변화뿐 아니라 바다의 식물플랑크톤 양을 관측해 지구 생태계 영향을 추정하기도 한다. 바다의 식물플랑크톤은 바다 먹이사슬의 바닥을 차지할 뿐만 아니라 인간이 배출한 이산화탄소의 절반 이상을 흡수하기 때문에 지구 온난화와 생태계 변화를 이해하는 데 매우 중요하다.

인공위성 관측은 지표에서 반사되는 태양빛 에너지를 이용하는 수동형 시스템과 위성에서 직접 전자기파를 발사해 반사되는 에너지를 관측하는 능동형 시스템으로 이루어진다. 능동형 시스템은 파장이 긴 전자기파를 쏘아 밤낮 구분 없이 또는 구름이 끼어 있어도 구름을 뚫고 볼 수 있다. 따라서 극 지역처럼 구름이 많이 끼는 곳에서는 SAR(합성영상레이더)라는 마이크로파를 이용하는 탐사 기술이 해빙의 변화 등을 관측하는 데 매우 효과적이다.

원격탐사는 주로 인공위성을 이용하기 때문에 미국 항공우주국NASA이나 유럽우주기구ESA 등 해외 선진국들의 주도로 수행되어 왔다. 우리나라도 2013년 발사한 다목적

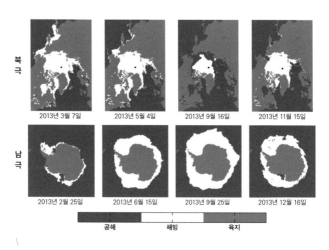

| 북극 | 2013년 3월 7일 | 2013년 5월 4일 | 2013년 9월 16일 | 2013년 11월 15일 |
| 남극 | 2013년 2월 25일 | 2013년 6월 15일 | 2013년 9월 25일 | 2013년 12월 16일 |

공해　　해빙　　육지

사진은 2013년 북극(위)과 남극(아래)의 연중 해빙변화 (출처: 미국 해양대기국NOAA)

2010년 4월 유럽우주기구가 발사한 크라이오셋 2호는 극지 빙상 두께 1.3cm
정도의 변화를 관측할 수 있다 (출처: 유럽우주기구ESA)

실용위성 아리랑 5호^{KOMPSAT-5}를 활용해 독자적인 극지 원격
탐사 연구가 가능하게 되었다. 합성영상레이더가 장착된 아
리랑 5호가 제공하는 고해상도 영상은 전천후 북극해 해빙
관측을 통해 온난화 연구뿐 아니라 북극해 탐사나 북극해
항로 개발 등 북극 개발에 크게 기여하고 있다.

인공위성 운영에 극지가
왜 중요할까?

\

원격탐사용 위성은 보통 남극과 북극 사이를 같은 자리에서 계속 도는데 한 번 회전에 대략 99분이 소요된다. 위성이 궤도를 따라 한 바퀴 회전하는 동안 햇빛을 받는 낮인 지역과 밤인 지역을 한 번씩 지나게 된다. 지구는 계속 자전하고 있기 때문에 위성은 지구 자전 동안 지구 전체를 약 2번 지나게 되어 2일 정도 후에는 지구의 낮 모습으로만 구성된 지구 전체 표면 사진을 얻게 된다.

위성을 운영하기 위해서 위성과 지상의 기지국이 교신을 통해 명령을 주고 데이터를 받아야 한다. 명령을 보내 사진 찍을 위치를 사전에 정해 주기도 하고 위성의 데이터 저장 용량은 한계가 있기 때문에 자료를 수시로 지상에 보내야 한다. 기지국과 위성이 서로 지구 반대편에 있거나 경도상 멀리 떨어져 있는 시간에는 교신이 불가능하다. 따라서 극궤도 위성처럼 계속 남극과 북극을 회전하는 경우에는 높은 위도로 갈수록 더 자주 위성과 교신이 가능하다.

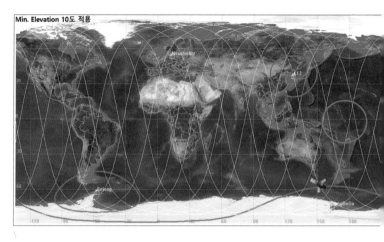

극궤도 위성인 우리나라 아리랑 5호 궤적과 대전, 독일, 세종기지, 장보고기지 위치
(출처: 한국항공우주연구원)

예를 들어 아리랑 관측위성의 경우 우리나라 대전 기지국
에서 위성이 한반도 상공을 지나는 하루 3~4회 정도만 교
신이 가능한데 비해 남극 세종기지에서는 6~8회, 이보다 위
도가 높은 장보고기지에서는 10~11회 정도 만날 수 있다.
이처럼 위성의 효율적인 운영을 위해서는 극 지역에 기지국
을 설치하는 것이 유리하다. 모든 위성 운영국은 전 세계 여
러 곳에 기지국을 운영하는데 특히 북극과 남극 기지국을
활용하고 있다.

'국제 극지의 해'란 무엇일까?

\

'국제 극지의 해IPY, International Polar Year'란 지구에서 가장 미지의 지역인 극 지역 연구를 위해 1882년부터 시작된 국제 공동 관측 프로그램이다. 지금까지 매 50년 또는 25년 주기로 총 4차례의 IPY가 진행된 바 있다. 최초 IPY의 개념은 지구의 물리적 현상을 어느 한 국가에 의해 연구하기보다는 세계적인 공동 노력으로 한다는 것이었다. 1차 IPY(1882~3)에는 12개국이 참여하였으며, 총 15회의 극지 탐사가 이루어졌다(북극 13회, 남극 2회). 미국의 경우 알래스카와 아메리카 대륙 최북단에 과학기지를 설립하였다. 1차 IPY의 업적은 단순한 공동 관측 이외에 국제과학 협력의 전례를 만들었다는 점에서 큰 의의가 있다.

두 번째 IPY(1932~3)에서는 국제기상기구WMO, World Meteorological Organization가 새로 발견된 상층 대기인 제트류를 연구하고자 제안하였다. 이 시기에는 국제적으로 남극에 대한 관심이 고조되어 있었으며 총 40개국이 참여하여 기상,

자기, 오로라 연구가 강조되었다. 2차 IPY 기간 중 총 40개의 상설 관측기지가 북극에 설립되었다. 미국은 로스빙붕에 위치한 리틀아메리카 기지에서 남쪽으로 약 200km 떨어진 곳에 월동 기상관측소를 설치했다. 이것은 남극 대륙의 내륙에 위치한 최초의 연구기지다.

1, 2차 IPY는 대부분 북극을 대상으로 한 연구가 진행되었고 남극을 대상으로 한 본격적인 연구는 25년 후인 1957~8년에 있었던 3차 IPY 즉 '국제 지구물리의 해IGY, International Geophysical Year'에 와서야 가능해졌다. IGY는 제2차 세계대전 중 개발된 신기술을 사용해 고층대기 관측에 주력하였다. IGY 기간 중 지구를 돌던 미국의 인공위성이 우주선으로부터 지구를 보호해 주는 밴앨런대를 처음 발견했

2007~8년 4차 '국제 극지의 해'에 전 세계 60개국 5만여 명이 프로젝트에 참여했다

으며 오랫동안 논쟁을 일으켰던 대륙 이동설도 확인할 수 있었다. 또한 남극 대륙 횡단조사를 통해 최초로 남극 빙하의 전체 규모를 파악하게 되었다. IGY 이후 과학연구의 국제정치적 후속 조치로 1959년 남극조약이 체결되었다.

IGY 50년 후인 2007~8년에 4차 IPY가 수행되었다. 남극에서는 국제남극연구위원회SCAR, 북극에서는 국제북극과학위원회IASC를 중심으로 연구계획을 수립하였다. 이 기간 남북극에서 전 세계 총 60개국의 과학자, 지원 인력, 교사, 학생 등 5만여 명이 228개의 국제 공동 프로젝트에 참여한 바 있으며 우리나라도 처음 참여했다.

우리나라의 극지연구소는
어디에 있을까?

\

우리나라 극지연구소는 인천 경제자유구역 송도국제도시에 자리잡고 있다. 극지 연구는 대부분이 외국에서 수행되기 때문에 무엇보다 출입국과 물류 수송이 용이한 곳에 위치해야 하고 또한 주변 대학 및 산업체와의 협력도 가능해야 한다. 현재 인천 송도의 극지연구소 청사는 2010년 건립되었으며 현재 약 400여 명이 일하고 있다. 극지연구소에서 연구와 함께 기지 유지와 보급 활동 전반을 관리하고 있다.

우리나라의 극지 연구는 1986년 남극조약에 가입한 후 연구를 위해 1987년 당시 해양연구소 내에 극지연구실을 설치하면서 시작되었다. 그 후 1988년 2월 남극세종과학기지가 준공되면서 연구가 본격화되었다. 1989년에는 남극조약의 이사국에 해당하는 남극조약협의당사국 지위를 얻었으며 잇달아 1990년 남극과학연구위원회SCAR에 가입하였다. 남극조약은 정부 간 국제기구로 남극을 관리하는 기구이며 SCAR는 비정부 남극 과학기구다. 이 두 기구는 서로 떼려야 뗄 수 없는 상호 보완적 관계다.

　　북극 연구는 2002년 국제북극과학위원회IASC에 가입하고 북극다산과학기지를 설립하면서 시작되어 현재는 매년 여름철 육상 연구팀과 쇄빙연구선을 파견할 정도로 확대되었다. 극지 연구 규모가 점차 확대되면서 2004년 한국해양연구원 부설 극지연구소로 분리되어 독자적인 운영이 이루어졌다. 그 후 2009년 아라온호 건조, 2014년 남극장보고과학기지 준공으로 연구의 규모나 질이 대폭 늘어나 지금은 세계 10대 극지 연구 국가에 진입하였다.

인천 송도에 위치한 극지연구소는 연구와 아울러 남북극기지 보급 및 쇄빙선 운영을 담당하고 있다

극지 연구 방식은 나라별로
어떻게 다를까?

\

전 세계 극지를 연구하는 국가들은 대부분 극지연구소를 운영하고 있는데 그 역할에 따라 운영 방식을 크게 2가지로 나눌 수 있다. 우선 영국, 독일, 러시아, 오스트레일리아, 일본, 중국과 같이 극지연구소가 기지, 쇄빙선, 항공기 운영 등 보급 지원 활동과 아울러 연구를 전담하는 연구진을 함께 보유하는 경우다. 영국은 영국 남극조사소, 독일은 알프레드 베게너 극지해양연구소, 러시아는 남극북극연구소, 오스트레일리아는 오스트레일리아 남극국, 일본은 국립극지연구소, 중국은 중국 극지연구소에서 연구와 보급 지원 업무를 같이 수행하고 있다. 우리나라 극지연구소도 이 경우에 해당한다.

다른 한 방식은 미국, 이탈리아, 프랑스, 뉴질랜드처럼 극지연구소에서는 기지 유지, 보급, 수송만을 전담하고 연구는 대학이나 타 연구소에서 수행하는 방식이다. 미국은 연구소가 아닌 국립과학재단 소속 남극국에서 방대한 규모의 남극 수송, 보급, 기지 유지 등 연구지원 업무를 담당하며 실제 연구는 공모를 통해 외부 연구진에 연구비를 지원한다. 프랑스, 이탈리아 등의 극지연구소에서도 수송, 보급

영국 영국남극조사소가 운영하는 남극 핼리 기지는 이동하기 쉽도록 스키 위에 올라가게 설계되어 있다

등 지원 업무만을 수행하며 연구는 대학과 타 연구소에서 개별적으로 진행한다.

극지 연구는 보급 수송과 연구 활동이 서로 분리될 수 없는 특성이 있기 때문에 많은 국가가 연구의 효율성을 위해 보급 수송과 연구를 동일 연구소에서 수행하는 방식을 선호한다. 연구 계획 수립부터 인프라 지원팀과의 긴밀한 소통과 협조가 이루어질 수 있어 현실성 있는 계획 수립이 가능하기 때문이다. 그러나 극지 연구는 모든 과학 분야가 포함된 방대한 주제이기 때문에 한 연구소에서 모든 연구를 수행할 수 없다. 따라서 극지연구소에서는 핵심 연구 분야에만 집중하고 다른 분야는 대학 등 외부 전문가를 활용해 협력하는 모델이 바람직하다.

3. 남극에 대해 더 궁금한 점

남극의 빙하와 펭귄. 출처: 극지연구소 정호성

남극을 처음 발견한 사람은 누구일까?

\

남극 하면 보통 아문센과 스콧을 떠올리는데 실제 그들은 남극점에 처음으로 도달한 탐험가이지 대륙을 발견한 사람은 아니다. 그렇다면 원주민이 없는 남극 대륙을 처음 발견한 사람은 누굴까? 남극 대륙의 존재는 이미 고대 그리스 시대에도 예견되었다. 그리스인들은 지구가 둥글기 때문에 북쪽 대륙과 균형을 맞추기 위해 남쪽에도 거대한 미지의 땅이 있을 거라고 상상했다. 그러나 실제 대륙의 존재가 알려진 것은 아메리카 대륙이 발견되고도 약 300년이 지난 후로, 남극 대륙은 지구상에서 마지막으로 발견된 대륙이다.

역사상 남극을 가장 먼저 발견한 사람은 18세기 영국의 탐험가 제임스 쿡 선장으로 알려져 있다. 뉴질랜드를 발견하고 오스트레일리아의 동부 해안 전체를 발견했던 그는 2척의 배를 이끌고 미지의 땅을 찾아서 1774년 2월 5일 남위 71° 10′까지 전진해 내려갔다. 당시 안개 때문에 직접 대륙을 보지는 못했지만 주위에 많은 빙산이 떠 있는 것으

남극을 처음 발견한 영국의 제임스 쿡 선장(1728~1779)

로 미루어 가까이에 육지가 있다는 것을 알 수 있었다. 그
후 약 50년간 남극 지역에서 물개잡이가 이루어졌지만 눈
으로 직접 대륙을 목격한 것은 1820년 러시아의 벨링스하
우젠, 영국의 브랜스필드, 미국의 파머가 거의 동시였다. 기

록상 남극 대륙에 최초로 상륙한 사람은 미국의 물개잡이 배 선장인 존 데이비스로 1821년 2월 7일 남극반도에 상륙하여 1시간가량 머물렀다고 한다. 그 후 노르웨이의 보치그레빙크는 1899년 2월 서든크로스호를 타고 로스해 입구 아데어곶에 도착해 인류 역사상 처음으로 남극에서 겨울을 지냄으로써 인간이 남극에서 연중 살 수 있다는 것과 내륙으로 이동도 가능하다는 것을 입증하였다.

그 후 남극점은 1911년 12월 14일 노르웨이의 아문센과 1912년 1월 16일 영국의 스콧에 의해 드디어 정복되었다.

남극조약 – 남극은 현재
누구의 땅일까?

\

남극 대륙은 1959년 남극조약 체결 전까지 오스트레일리아, 뉴질랜드, 칠레, 아르헨티나, 영국, 프랑스, 노르웨이 등 7개 나라가 영토권을 주장하고 있었다. 남극점을 중심으로 각자 부채꼴 모양의 영토권을 갖고 있으나 남극반도 일부 지역은 칠레, 아르헨티나, 영국의 영토권이 중복되어 있기도 했다. 제2차 세계대전 이후 미국과 소련은 영토권 미주장지역인 남극 메리버드랜드의 영토권을 선점하기 위해 경쟁하던 중에 1957년 소련이 인류 최초의 인공위성 스푸트니크를 발사함으로써 우주와 같은 인류 공동 활용 공간에 대한 문제가 대두하였다. 그 후 남극도 인류 공동 활용 지역으로 만들기 위해 여러 차례 회의를 거쳐 1959년 12월 1일 미국의 워싱턴 DC에서 12개 남극 관심 국가들이 모여 남극조약을 체결하였다.

　　1961년 6월 23일 발효된 남극조약의 주요 내용은 남위 60° 이남 지역에서 기존의 영토권을 동결하고, 과학

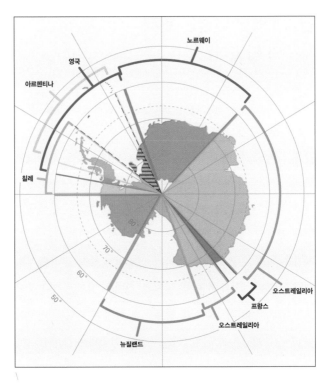

노르웨이

영국

아르헨티나

칠레

80°

70°

60°

50°

오스트레일리아

프랑스

오스트레일리아

뉴질랜드

남극조약에 따라 남극 대륙에서 기존 7개국의 영토권이 동결되었다

연구의 완전한 자유 보장과 군사 활동 금지 등 평화적 목적
의 이용이다. 이 조약에 따라 조약 가입국은 과학적 연구 목
적으로는 어떤 나라의 통제도 받지 않고 남극에 접근할 수
있는 권리를 누릴 수 있게 되었다. 우리나라도 1986년 11월

28일 남극조약에 가입하였으며 연구를 위해 1988년 2월 세종과학기지를 건설하였다. 현재 남극조약에는 북한을 포함한 총 53개국이 가입되어 있으며 남극조약 사무국은 아르헨티나 부에노스아이레스에 설치되어 있다. 남극조약 가입국은 남극에서 실질적인 과학 연구 활동을 수행하는지에 따라 일반가입국과 협의당사국으로 구분된다. 협의당사국은 UN이사국과 유사한 개념으로 매년 남극조약 운영회의에 직접 참석해 투표권을 갖는다. 이 회의를 '남극조약협의당사국회의'라고 부른다. 현재 협의당사국은 우리나라를 포함 총 29개국이며 나머지 24개국은 비협의당사국 즉 일반가입국이다. 남극조약 협의당사국 회의는 매년 나라 이름별 알파벳 순으로 돌아가며 개최된다.

남극이 다른 지역과
다른 점은 무엇일까?

\

영어로 남극Antarctica은 원래 북극Arctic의 반대어로 북극의 반대쪽이라는 의미다. 남극 대륙은 우선 지구상 가장 남쪽에 위치하며 지구 회전축이 지나는 남극점이 대륙 내부에 존재한다. 대륙의 대부분이 남위 66.5° 이남의 남극권에 있으며 주변은 남극해로 둘러싸여 있다. 지구상 어느 지역보다 춥고, 건조하고, 바람이 강하고, 대륙의 대부분이 두꺼운 얼음으로 덮여 있다. 대륙의 크기가 오스트레일리아의 두 배 또는 유럽 전체의 1.3배에 달하는 지구상 다섯 번째로 큰 대륙이기도 하므로, 이를 덮고 있는 평균 2,100m 두께의 얼음으로 지구상 바다 이외에 가장 많은 물을 보존하고 있기도 하다.

생물상은 많은 종류의 박테리아, 균류, 곰팡이, 조류, 식물과 함께 새, 진드기, 선충류, 펭귄, 물개 등 동물이 서식한다. 인간은 원래 살지 않았으므로 원주민이 없는 유일한 대륙이기도 하며, 18세기 발견되어 19세기 이후 인간이 첫

발을 디디기 시작했다.

지질학적으로 지금으로부터 약 2억 년 전까지는 남반구 여러 대륙과 합해져 곤드와나 거대륙을 형성하고 있었으며 남극 대륙은 그 중심부에 있었다. 당시 기후는 지금보다 훨씬 따뜻해서 활엽수와 공룡이 살았다. 남극 대륙의 빙상은 약 3,300만 년 전부터 형성된 것으로 추정된다.

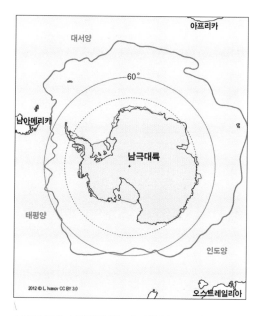

남극의 경계는 국제법상 남위 60°, 과학적으로 66.5°(검은 점선) 혹은 해양학적으로 찬 해류와 따뜻한 해류가 만나는 남극 수렴선(초록색 선)이다.

현재 남극 대륙은 1959년 체결된 남극조약에 의거하여 어느 국가도 소유권을 행사할 수 없으며 오직 과학 연구만을 위한 인류 공동의 과학실험실로 남아있다. 과학 연구를 위한 시설만이 허용되어 이곳에 현재 겨울철에는 약 1,000명, 여름철에는 약 5,000명이 살고 있다.

남극에서는 석탄, 철, 백금, 구리, 니켈, 금 등이 발견되었고 석유 부존의 가능성도 매우 높지만, 광물 자원 개발을 일절 금지하는 남극조약 환경보호의정서가 1998년 발효되었다. 남극해의 어족 자원 보호를 위한 남극해양생물보존협약도 1980년 발효되어 해양 생물자원도 국제적으로 관리되고 있다. 어업 이외에 현재 남극을 대상으로 한 유일한 상업 활동은 관광산업이다.

남극은 지구 온난화, 해수면 상승, 오존홀, 빙하시추 자료 등 지구 환경 변화에 대한 귀중한 자료를 제공할 뿐만 아니라 고층대기, 우주 천체관측 등에 있어 과학적 중요성이 매우 크다.

남극 대륙은 언제부터
얼음에 뒤덮였을까?

남극은 지구가 생성된 이래 계속 얼음에 덮여 있었을까? 남극에서 발견되는 식물 화석이나 공룡 등의 동물 화석을 보면 과거 남극 대륙은 지금보다 훨씬 따뜻했던 곳이 틀림없다. 그렇다면 남극은 과거 지구의 기후가 변한 만큼 같이 변해온 것일까, 아니면 별도로 다른 기후 역사를 가지고 있을까? 판구조론에 따르면 지구상 대륙은 끊임없이 움직이는데 그렇다면 남극 대륙은 언제쯤 현재의 위치에 도착했을까? 고지자기古地磁氣 연구에 따르면 남극 대륙은 10억 년 전쯤부터 남반구 열대기후 지역에서 남쪽으로 계속 이동해 7,500만 년 전쯤에 현재 위치에 도달해 거의 움직이지 않고 있는 것으로 추정된다. 그러나 남극 대륙 빙상이 처음 형성된 것은 그보다 한참 후인 올리고세 약 3,300만 년 전으로 추정된다. 그 이유는 지구 전체의 기후 변화와 함께 남극 대륙의 지리적 분리 시기와도 연관되기 때문이다.

남극 빙상은 처음 나타난 후 2,500만 년 전까지 대륙만 덮는 얼음이었고 주변 바다까지 펼쳐질 만큼 크지는 않았다. 그 시기에 지구 대기의 이산화탄소 농도는 600~800ppm에 달해 지구 기온이 지금보다 훨씬 따뜻했기 때문이다. 또한 그 시기쯤에 남극 대륙은 마지막으로 남아메리카 대륙으로부터 분리되면서 남극순환류가 형성되어 열적으로 고립되어 점점 추워졌다.

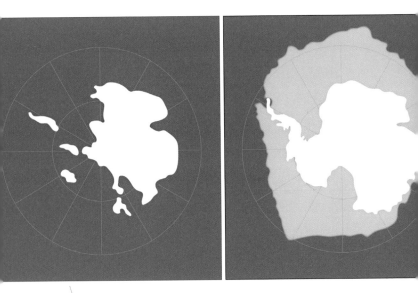

1,500만 년 전 대기 중 이산화탄소 농도가 400~600ppm으로 따뜻했을 때(왼쪽)와 현재의 남극 해빙 분포

그 후 남극 대륙 빙상은 잠시 녹았다가 다시 1,100만 년 전부터 현재의 빙상이 다시 생긴 것으로 추정된다. 그 후 이산화탄소 농도는 계속 떨어져 500만 년 전에는 200ppm까지 떨어졌으며 이에 따라 300만 년 전부터 남극 주변에 연중 해빙이 존재하기 시작했다. 현재 지구 대기의 이산화탄소 농도는 다시 400ppm으로 가파르게 상승하고 있으며 이에 따라 남극 빙상도 빠르게 녹아내리고 있다.

남극 얼음의 양은 얼마나 될까?

\

대륙을 덮고 있는 대규모 빙하를 빙상이라고 부른다. 남극 빙상은 남극 대륙의 약 98%를 덮고 있는데 총면적은 약 1,400만 km²에 부피가 3,000만 km³에 달한다. 즉 평균 두께 2,100m 이상의 얼음이 오스트레일리아 대륙의 두 배에 달하는 남극 대륙 전체를 덮고 있는 셈이다. 남극에서 가장 두꺼운 얼음은 두께가 무려 4,776m에 달한다. 남극 빙상은 지구에 존재하는 얼음의 약 90%를 차지하며, 녹으면 지구 담수 총량의 약 70%에 해당하기 때문에 남극은 지구상 가장 큰 저수지다. 만약 이 얼음이 다 녹는다면 지금보다 해수면을 58m나 끌어올릴 만한 막대한 양이다. 남극 대륙을 지리적으로 인도양과 대서양에 면한 동남극과 태평양에 면한 서남극으로 나누는데 그 사이를 남극횡단산맥이 지나고 있다. 동남극은 대륙 위를 빙상이 덮고 있지만 서남극은 몇 개의 육지들로 구성되어 있고 육지 사이는 바닷속 2,500m에까지 빙상이 잠겨 있다. 서남극 빙상이 녹으면 해수면 상승

남극 대륙의 98％는 평균 두께 2,100m의 얼음으로 덮여 있다

은 5m 정도이기 때문에 대부분 빙상은 동남극에 존재한다. 현재 지구 온난화로 남극 빙상도 조금씩 녹고 있는데 특히 현재 서남극의 아문센해 해안을 따라 많이 녹고 있으며 동남극 빙상은 상대적으로 안정하다. 이는 기온 상승에 의해 빙상 표면이 녹기보다는 따뜻해진 바닷물에 의해 바다에 잠겨있는 빙상의 하부가 녹기 때문이다.

극지의 빙하가 녹으면 민물이 바다로 대량 유입되면서 지구 해류의 순환이 느려지고 이는 다시 빙하가 녹는 것을 가속한다. 최근 연구에 따르면 남극 빙하는 2009~17년 사이 연간 2,520억 t씩 녹고 있다. 이는 1979~89년 사이 남극 빙하가 연간 400억 t이 녹았던 것에 비해 6배 가까이 빠르게 녹고 있는 것이다. 남극 빙하 해빙 속도가 빨라지면서 1979년과 2017년 사이 해수면은 1.4cm 상승했다. 일부

과학자들은 지구 온난화가 현 속도로 지속되면 2100년에는 해수면이 최대 1.8m까지 오르면서 지구 곳곳에서 가뭄과 폭풍 등 자연재해가 더욱 심각해질 것으로 예상하고 있다.

남극의 빙하 색깔이
파란 이유는 무엇일까?

\

보통 빙하는 쌓인 눈이 다져져 만들어지기 때문에 하얀색이지만 남극 빙하는 파란색을 띠고 있는 경우가 많다. 남극해 주변에 떠다니는 빙산에서 파란색이 많이 관찰되며 대륙 내에서도 강풍으로 눈이 잘 쌓이지 않는 지역에 파란색 빙하가 드러난 지역이 있다.

눈에는 보통 공기가 많이 포함되어 있기 때문에 눈으로 볼 수 있는 빛, 즉 가시광선은 산란되어 눈 속으로 깊이 들어가지 못한다. 그렇지만 빙하에는 빛이 깊이 들어갈 수 있기 때문에 다른 색을 보일 수 있다. 태양광에서 빨간색은 파장이 길고 파란색으로 갈수록 파장이 짧아진다. 그래서 빨간색은 투과하는 깊이가 짧아 일찍 흡수되어 2m 정도만 들어가면 완전히 사라진다. 파장이 짧은 파란 계열의 가시광선은 최대 24m까지 투과하는데 이 중 일부가 반사되어 파란색을 띠게 된다. 대부분의 빙산은 내부에 기포나 불순물이 있어서 빛이 잘 투과하지 못하므로 그냥 하얀색으

남극의 빙하는 내부에 기포나 불순물이 적기 때문에 빛이 깊이 투과해 파란색을 띤다

로 보인다. 따라서 파란색을 띠는 빙하는 공기 등의 불순물을 포함하지 않고 매우 순수하므로 빛이 내부 깊숙이까지 투과한다는 것을 의미한다. 남극 빙하는 두꺼운 눈에 눌려 높은 압력으로 만들어져 기포나 먼지 등의 불순물이 비교적 적기 때문에 파란색을 띠는 경우가 많다.

남극 대륙에는 왜 바람이 셀까?

\

남극 대륙 대부분은 얼음과 눈으로 덮인 대지로 구성되어 있으며 고도도 높다. 남극 대륙을 단면으로 보면 위가 평평한 솥뚜껑 같은 모양이다. 표면의 눈과 얼음은 태양광

남극세종기지에 몰아친 블리자드

을 반사하며 해발고도가 평균 2,500m나 되기 때문에 남극 내륙 지역은 지구상에서 가장 춥다. 남극점의 연평균 기온은 -49℃이며 가장 따뜻했던 기록도 2011년 12월 25일 -12.3℃밖에 되지 않는다.

남극에서 부는 강한 바람을 카타바틱 바람(혹은 중력풍)이라 부르는데, 차갑고 무거운 공기가 대륙 내부에서 해안 쪽으로 급경사면을 따라 불어 나가며 형성된다.

지금까지 기록된 최대 풍속은 1972년 7월 프랑스 뒤몽드빌 기지에서 관측된 시속 327km다. 이는 초속 90m

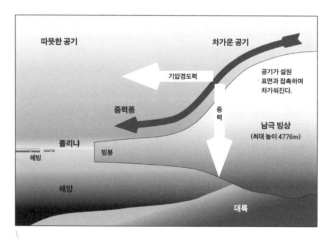

남극 중력풍의 생성 원리

에 해당하는데 초속 17m 이상의 바람이 불면 태풍으로 분류된다. 지금까지 한반도를 지나간 태풍의 최대 풍속이 2003년 매미의 초속 60m였던 것을 보면 얼마나 센 바람인지 짐작할 수 있다.

그렇지만 남극점은 내륙의 평평한 지역에 위치하기 때문에 상대적으로 바람이 약해 최대 풍속이 겨우 초속 10m밖에 되지 않는다. 겨울철 남극의 거의 모든 지역은 카타바틱 바람의 영향을 크게 받는다. 카타바틱 바람은 많은 경우 눈과 함께 불게 되는데, 이 경우를 블리자드(폭풍설)라 부르며 한 치 앞을 볼 수 없는 상황이 1주일 이상 계속되기도 한다. 남극 블리자드가 부는 동안은 사람뿐 아니라 모든 생물의 활동이 일체 중지되어 간혹 다른 행성에 와 있는 느낌이 들기도 한다.

남극을 가로지르는
남극횡단산맥이란 무엇일까?

\

남극횡단산맥은 남극 로스해의 북쪽 끝인 케이프어데어에서 웨델해의 고오츠랜드까지 길이 3,500km, 폭 100~300km에 달하는 세계 4번째로 긴 산맥 중 하나다. 남극종단산맥이라고도 부르는데 빙하 위로 솟은 높은 봉우리들로 연결되어 있으며 가장 높은 봉우리는 커크패트릭스산으로 해발 4,528m이다. 남극횡단산맥은 지리적·지형적으로뿐만 아니라 지질학·빙하학·해양학적으로도 매우 중요하다.

남극 대륙은 산맥을 중심으로 지구의 서반구 쪽에 주로 위치한 서남극과 동반구 쪽에 위치한 동남극으로 나뉜다. 서남극을 소남극, 동남극을 대남극이라 부르기도 한다. 산맥은 동남극을 덮고 있는 두꺼운 빙상을 버티고 있는 지지대 역할을 하며 산맥 사이사이로 거대한 빙하가 흘러 로스해로 빠져나간다. 서남극은 여러 조각의 땅을 하나의 빙상이 덮고 있다고 생각되며 동남극보다 빙상의 크기나 두께도 얇다. 동남극 빙상은 비교적 안정적으로 유지되는 반면 서남극 빙상은 불안정해 기후 온난화에 따라 빠르게 녹아내리고 있다. 서남극 빙상이 빨리 녹는 이유는 해류에 의해 공급되는 많은 열로 빙상 하부가 녹기 때문이다. 빙상이 녹으면서 공급되는 담수에 의해 심층수 형성과 해류 순환이 영향을 받는다. 서남극의 반도 지역을 제외하고 아문센해는 두꺼운 다년생(여름철 녹지 않는) 해빙이 넓게 나타나는 반면 동남극은 일년생 해빙이 상대적으로 좁게 분포한다.

　　산맥을 중심으로 동남극은 서남극보다 훨씬 오래된 암석으로 구성되어 있다. 즉 동남극은 선캄브리아대와 고생

남극횡단산맥은 동남극과 서남극을 가르며 장장 3,500km에 걸쳐 뻗어있다

글로소프테리스는 곤드와나 표준 화석으로 남극뿐 아니라 남아메리카, 아프리카, 오스트레일리아, 인도 등에서 광범위하게 발견된다

대의 변성암으로 구성된 육괴인 반면 서남극은 고생대 이후 중생대, 신생대의 화산암이 주를 이루고 있다. 산맥의 형성은 지질시대인 신생대 초기(약 6,100만 년 전) 서남극의 열곡작용이 시작되었을 때 융기되어 만들어졌다. 산맥의 하부는 선캄브리아대의 변성암이며 그 위에 고생대 후기부터 중생대 사이 퇴적된 1.5km 두께의 퇴적층이 존재한다. 남극횡단산맥 퇴적층 내에는 고생대 석탄층이 다량 존재하며 후기 고생대 빙하기 흔적과 글로소프테리스라는 식물 화석이 다량 발견된다. 글로소프테리스는 고생대 후기부터 중생대 초기까지 남반구 곤드와나 대륙에 널리 번성했던 양치식물 식물군으로 남아메리카, 아프리카, 오스트레일리아, 인도 등에서도 발견되는 곤드와나 표준 화석이다.

남극점을 향한 아문센과 스콧의
세기의 대결

\

20세기 초 유럽을 중심으로 누가 제일 먼저 남극점에 도착하느냐의 경쟁이 벌어졌다. 남극점을 정복하기 위해 1910~12년 사이 노르웨이 로알 아문센과 영국의 로버트 팰컨 스콧 두 남극 영웅이 벌인 경쟁은 매우 감동적인 이야기다.

　　당시 남극점 정복을 위해서는 우선 배가 남극 해안에 도달할 수 있는 1월경 남극에 도착해 오두막을 짓고 그곳에서 겨울을 지낸 후 다시 이듬해 여름이 시작되는 10월 말경 오두막을 출발 약 1,000km 이상의 거리를 도보로 전진하여 극점에 도달하여야 했다. 아문센 탐험대는 프람^{Fram}호를 타고 1911년 1월 4일 얼음이 덮인 로스해에 도착하였다. 그곳에 프람하임^{Framheim}이라 명명한 월동 기지를 짓고 가장 가까운 거리로 남극점에 도달하는 코스를 선택한 탐험대 5명은 10월 20일에 개들이 끄는 4대의 썰매로 출발하였다. 한편 스콧의 탐험대는 같은 해 11월 1일 조금 늦게 로

아문센은 1911년 12월 14일 남극점에 도착했다

스콧은 아문센보다 34일 늦게 극점에 도착해 아문센이 남긴 텐트를 발견했다

스섬 맥머도에 위치한 기지를 출발하여 아문센 탐험대와는 다른 루트로 남극점을 향해 출발하였다.

아문센 탐험대는 52마리의 개를 끌고 갔다. 그들은 정해진 지점에서 개를 순번대로 잡아먹으면서 남극점을 향해 전진하였다. 12월이 되면서 거센 눈보라가 몰아쳤다. 그러나 그들은 굴하지 않고 전진하여 1911년 12월 14일 마침내 남극점에 도달한다. 아문센은 남극점에 조국 노르웨이의 국기를 게양하고 텐트 안에 국왕에게 보내는 편지를 남겼다. 만일 자신이 귀환하지 못하게 된다면 뒤따라오는 스콧 탐험대가 그 편지를 갖고 귀환해 주길 바라는 마음에서였다. 그 후 그는 31일 만인 1912년 1월 16일 11마리의 개를 이끌고 총 89일 만에 기지로 무사히 귀환하였다.

영국의 스콧 탐험대 5명은 맥머도 기지를 출발 후 중간에서 자동차와 조랑말을 버리고 오로지 스키로만 전진하였다. 남극점에 도착하는 최초의 인류가 되겠다는 희망을 품고 마침내 1912년 1월 17일 극점에 힘들게 도달하였으나 그들을 기다리는 건 먼저 도착했던 아문센이 남긴 텐트와 노르웨이 국기뿐이었다. 그후 실망한 스콧 탐험대는 1,200km 귀환 길에 아무도 살아서 돌아오지 못했다. 10개월 후인 1912년 11월 12일 구조대가 스콧의 텐트를 발견

1912년 3월 29일 스콧의 마지막 일기

했을 때 시신과 함께 일기, 편지, 탐험 중 수집한 16kg의 암석 샘플도 발견하였다. 스콧이 남긴 마지막 기록으로 그들은 3월 29일경 사망한 것으로 밝혀졌다. 1912년 3월 29일 스콧의 마지막 일기에는 "신이여, 우리 가족을 돌보아 주소서!"라고 적혀 있었다고 한다.

그 후 아문센은 유럽으로 금의환향하여 명성을 얻었으며 55세 나이가 되던 1928년 1월 18일 친구인 이탈리아 탐험가 움베르토 노빌레Umberto Nobile가 북극에서 실종되자 그를 구하려 비행선을 타고 스피츠베르겐섬을 출발한 후 실종되어 결국 극지에서 생을 마쳤다.

아시아의 첫 남극 탐험가 시라세는 어떤 사람일까?

\

남극 탐험하면 우리는 으레 아문센과 스콧을 먼저 떠 올린다. 20세기 초 유럽 위주의 역사에 아시아가 낄 틈은 거의 없었고 같은 맥락에서 시라세의 남극 탐험은 잘 알려져 있지 않다. 그러나 아문센과 스콧이 남극점에 도달한 같은 해에 남극을 탐험한 또 한 사람이 있었고, 그는 아시아의 위대한 탐험가였던 일본의 시라세 노부이다.

　　시라세 노부는 1861년 일본 아키타현에 위치한 절에서 승려의 아들로 태어났다. 그는 일찍이 8살 때부터 극지 탐험에 대한 의지를 굳히고 몸을 단련하기 위해 다음과 같은 5가지 금지사항을 죽을 때까지 70년간 지켰다고 한다.

1. 술을 마시지 않는다.
2. 담배를 피우지 않는다.
3. 차도 마시지 않는다.
4. 뜨거운 물을 마시지 않는다.

5. 한겨울에도 절대로 불을 쬐지 않는다.

그는 극지 탐험을 위해 절을 나와 군인의 길로 접어들었으나 그의 의지는 일본 정부와 대중들의 무관심과 냉대로 어려움에 처한다. 그때 일본 총리를 지낸 오쿠마 시게노부 등이 조직한 남극탐험후원회의 지원을 받아 1910년 11월 간신히 남극 탐험에 오를 수 있었다. 시라세 탐험대는 30m 길이의 목조 범선 카이난호를 타고 동경만을 출발해 우여곡절 끝에 결국 남극 로스 빙붕에 도착해 내륙으로 257km를 행군해 1912년 1월 28일 남위 80° 5′까지 전진

일본의 시라세 탐험대는 아문센과 같은 해인 1912년 남위 80°까지 진출했다

하였다. 당시 시라세 탐험대의 카이난호는 로스해에서 아문센 탐험선과 만나기도 했다.

시라세 탐험대는 국가적으로 전폭적인 지원을 받았던 스콧이나 아문센과는 달리 국민들의 성금을 모은 순수 개인 차원에서의 탐험이었다는데 더 큰 의의가 있다. 특히 시라세 탐험대는 당시 부유했던 유럽 탐사대와 비교조차 할 수 없을 정도로 빈약한 선박과 장비를 갖추고 탐험길에 나섰으며, 무엇보다 탐사대원 누구도 남극 탐험에 전혀 경험이 없었다. 어찌 보면 이러한 무모한 도전을 불굴의 정신력으로 이겨냈다는 점에서 시라세 남극 탐험은 아문센과 스콧 탐험보다 더욱 높이 평가받을 만하다.

남극 대륙에도
생물이 살 수 있을까?

\

남극 대륙 주변 바다(남빙양 혹은 남극해)에는 크릴을 주 먹이로 하는 고래, 물개, 펭귄, 갈매기 등 많은 동물이 살고 있지만, 대륙에는 바닷가를 제외하고는 생물이 많지 않다. 그러나 타 대륙보다 아주 적기는 하지만 생각보다 다양한 종류의 생명체가 존재한다. 남극 육상에는 대략 350종의 지의류(균류와 조류가 공생 관계로 살아가는 하등식물), 100여 종의 이끼류, 눈 속에 사는 20여 종을 비롯해 수백 종의 조류(광합성을 하는 진핵생물)가 발견된다. 꽃이 피는 현화식물로는 세종기지가 위치한 남극반도 도서 지역에서 단 2종만이 발견되었다.

　　　　남극 육상에 사는 고유 척추동물은 없지만 곤충류로 벼룩, 이, 진드기, 깔따구류가 물개나 새에 기생한다. 육상에 따로 사는 곤충으로는 날개 없는 깔따구가 있는데 크기가 약 1cm까지 자란다. 이런 생물들은 어떻게 극한의 추위와 물이 없는 상태에서 겨울 동안 생존할 수 있는지 놀랄 만하다. 아주 단순한 몇 개의 종으로만 구성된 남극의 육상 생태계는 귀중한 연구 대상이 되고 있다.

남극에 사는 새는 7종의 펭귄을 포함하여 약 45종
이 있는데 그중 남극에서 번식하는 종은 황제펭귄, 아델리
펭귄, 젠투펭귄, 턱끈펭귄과 남극제비, 눈제비, 남극스쿠아

세종기지 주변 턱끈펭귄 서식지에는 매년 여름이 되면 번식을 위한 둥지가
만들어진다

남극 웨델해표는 여름이 시작되는 11월 말경이면 해빙 위로 올라와 새끼를 낳는다

(도둑 갈매기) 등 몇 종에 불과하다.

　　남극에도 해안가 몇몇 지역에 얼지 않는 호수가 존재하는데 높은 소금기 때문에 겨울에도 바닥까지 얼지 않는다. 호숫물에는 유기물이 거의 없기 때문에 생물이 살기 어려워 작은 새우류와 물이끼만 발견된다. 하지만 미생물은 호수에도 많이 서식하고 있다. 미생물은 심지어 4,000m 얼음 밑이나 빙저호에도 존재한다.

남극에는 어떤 식물이 살까?

\

남극에는 꽃이 피는 현화식물 2종과 하등식물인 지의류, 선 태류(이끼) 약 450종이 사는 것으로 알려졌다. 주로 남극 해 안가 암반 지역을 따라 지의류와 선태류가 살며 내륙에는 연 강수량이 200mm 이하이기 때문에 생물이 살기가 어렵 다. 따라서 내륙에는 약 20종의 선태류만 존재하는데 그것 도 남위 77° 이하 지역에서만 살 수 있다.

　　남극의 지의류는 성장이 매우 느려 100년에 1cm 도 자라지 못한 다. 혹독한 환경 일수록 성장 속도 가 늦어져 내륙에 서는 1,000년에 1cm도 미치지 못 한다. 어떤 지의류 는 길이가 2.4cm

남극 세종기지 주변에 서식하는 현화식물인 남극좀새풀

남극좀새풀의 유전자를 이식한
벼(오른쪽)는 일반벼(왼쪽)에 비해
추위에도 냉해를 입지 않고 잘 자란다

인데 나이는 6,500년이 넘는 것도 있다.

선태류는 이끼를 의미하는데 전 세계에 분포하지만, 산꼭대기, 툰드라, 사막 등 악조건의 환경에도 서식하며, 수분이 없어도 죽지 않고 기다리다가 수분이 생기면 다시 활성화된다. 선태류는 남극 육상의 주된 1차 생산자이며 1,500년간 얼음 속에서 동면하고 살아날 수 있는 재생 능력을 지녔다.

현화식물로는 볏과 식물인 남극좀새풀과 남극개미자리 2종이 있는데, 낮은 온도에서도 견딜 수 있게 체내에서 결빙방지단백질을 생산하며 남극의 자외선으로부터 몸을 보호하기 위해 자외선 흡수물질을 만들어 내기도 한다. 우리나라 연구진은 남극좀새풀에서 항산화 물질을 분리해 기능성 화장품을 개발했으며 한랭성 유전자를 벼에 이식하여 추위에 강한 품종을 개발하기도 하였다.

남극 황제펭귄의 미스터리

\

황제펭귄은 현존하는 지구상 펭귄 중 몸집이 가장 크다. 키는 최대 120cm, 몸무게는 40kg 정도다. 수컷이 암컷보다 약간 더 크고 귀 부분이 선명한 노란색인 것이 특징이며 가슴 부위는 옅은 노란색이다. 먹이를 잡기 위해 수심 약 535m까지 잠수할 수 있으며 잠수 시간은 약 18분이다. 주식은 생선이며 크릴과 같은 갑각류, 오징어와 같은 두족류도 섭취한다. 바다표범과 범고래가 천적이며 번식기에는 남극도둑갈매기가 황제펭귄의 알과 새끼를 잡아먹기도 한다.

황제펭귄은 다른 펭귄들과 다른 독특한 생활사를 갖고 있다. 다른 펭귄들은 따뜻한 여름이 시작되면 바닷가에 둥지를 틀고 알을 낳고 부화시켜 겨울이 되기 전 2~3월까지 새끼를 키워 바다로 나간다. 반대로 황제펭귄은 겨울이 시작되면 알을 낳고 겨우내 부화시켜 12월경 여름이 시작되면 바다로 나간다.

왜 황제펭귄은 환경이 나쁜 겨울 기간에 번식을 할

1~3월
먹이 섭취

번식지까지
100~160km를
이동한다
4월

어미가 떠나고
새끼는
깃털이 난다
얼음이 깨진다
12월

암컷이 먹기 위해
떠난다

짝짓기
5월

수컷이 먹으러 떠난다
이런 과정이 6번 이상
반복된다

암컷이 돌아온다

수컷이 알을 품는다
6~7월

부화
8월

새끼 먹이기
9~10월

새끼들이 한데 모여
온기를 유지한다
10~11월

황제펭귄의 생활사 (출처: 미국 국립과학재단)

까? 매년 3~4월이 되면 황제펭귄은 바다로부터 해빙 위로
약 50~100km나 걸어가 부서질 위험이 없는 단단한 해안가
해빙 위에 집단을 이루고 번식과 새끼 양육을 한다. 이때 얼
음 절벽이나 빙산과 가까운 곳을 골라 바람을 피한다.

5~6월 초에 암컷이 알을 낳은 후 몸에 영양분을 비
축하기 위해 다시 먼 거리를 걸어 바다로 떠나면 수컷이 발
위에 있는 주머니에 알을 넣고 품는다. 잠시라도 알을 놓치

면 즉시 얼어 버리기 때문에 알을 품고 있는 동안 수컷은 눈을 먹는 것 말고는 아무것도 먹을 수 없다. -40℃의 추위와 눈보라가 몰아치면 알을 품고 있는 수십에서 수백 마리의 수컷들은 서로 몸을 밀착하고 서서 천천히 주위를 돌다

남극에서 가장 몸집이 큰 황제펭귄은 겨울철에 알을 낳고 새끼를 키워 여름이 시작되면 바다로 나아간다

가 바깥에 있는 개체가 체온이 낮아지면 안쪽에 있는 개체와 자리를 바꾸며 집단 전체의 체온을 유지하는데, 이를 허들huddle이라고 한다. 부화 기간은 약 64일이다. 부화한 새끼에게 수컷 펭귄은 마지막으로 자신의 위 속에 남아 있는 소화된 먹이를 토해서 먹인다. 새끼가 부화한 지 열흘 정도 후에 암컷이 돌아와 교대를 하고 이후로 수컷과 암컷은 번갈아 바다로 나가 먹이를 비축해 돌아온다. 따라서 수컷은 처음 바다를 떠나 다시 먹이를 먹으러 돌아갈 때까지 약 115일간 아무것도 먹지 못하기 때문에 체중이 약 반으로 줄어든다. 새끼는 부화 후 40~50일이 지나면 부모 펭귄 모두 바다로 나가 먹이를 비축하기 때문에 남은 새끼들이 집단을 이뤄 허들 행위를 하며 도둑갈매기의 공격을 피한다. 12월이 되면 집단 전체가 바다로 나간다. 황제펭귄의 수명은 야생 상태에서 약 20년 정도다.

남극해에 사는 물고기는
왜 얼지 않을까?

바닷물에는 소금이 녹아 있기 때문에 0℃보다 낮은 -1.9℃가 돼야 얼기 시작한다. 남극에 사는 물고기의 체액은 주변 차가운 해수보다 염도가 낮기 때문에 얼어서 움직이지 못해야 할 텐데 남극해에는 물고기 등 많은 해양 생물이 살고 있다. 추운 환경에서 생물이 생존하기 위해서는 체내에 얼음이 생기는 것을 막아주는 결빙방지물질(부동액)을 갖고 있어야 한다. 결빙방지단백질은 1969년 동물학자인 아서 드브리스가 남극 어류에서 처음 발견하여 분리하는 데 성공했다. 이 단백질은 체내에서 얼음 생성 자체를 막는 것이 아니라 얼음 결정이 커지는 것을 방해한다.

그 뒤로 결빙방지단백질은 남극뿐 아니라 북극, 어류 외에도 여러 생물종에서 발견되었다. 극지방에 사는 플랑크톤이나 규조류 같은 미세조류, 효모, 동물 등 다양한 동·식물에서 나타난다. 종류도 매우 다양해서 발견된 생물에 따라 물고기에서 발견된 타입 1~4와 식물, 곤충, 효모에서 발견된 7가지로 나뉘며 세세하게는 수십 가지로 분류된다.

　　과학자들이 결빙방지단백질에 주목하고 있는 것은 탁월한 동결 보존 효과 때문이다. 의학이나 연구 목적으로 각종 생체 조직을 보존할 때 조직이 파괴되는 것을 막기 위해서 -196℃ 이하의 액체 질소 안에 보관한다. 그러나 그냥 냉동하면 생체 조직 안에 포함돼 있는 수분이 얼면서 뾰족한 결정이 형성돼 세포벽이 파괴된다. 동결보존제는 이를 막는 역할을 하는데, 현재 주로 쓰는 동결보존제는 DMSO^{Dimethyl Sulfoxide}라는 화합물이다. 그러나 인공합성 동

아이스피시처럼 남극 물고기들은 몸에서 부동액을 생산해 남극해의 찬물에서도 살 수 있다

결보존제는 해동 과정에서 조직이 파괴되는 등 보존 효과가 완전하지 못하다. 요즘 제대혈 줄기세포 치료처럼 줄기세포를 보관했다가 나중에 치료에 사용하는 경우에 안전한 보관을 위해서 과학자들은 극지 생물에 들어있는 천연 결빙방지단백질이 해결책이 될 것이라고 생각하고 있다. 하지만 아직은 천연 결빙방지단백질을 대량으로 구할 방법이 없어서 북극에서 물고기를 잡아 혈액에서 단백질을 추출하는데 1g에 1,000만 원이 넘을 만큼 고가다.

남극해에서 잡히는 수산 자원은
어떤 것이 있을까?

\

남극해에서 잡는 수산 자원에는 파타고니아이빨고기, 남극이빨고기, 아이스피시, 남극크릴 등이 있다. 이밖에도 남극대구, 고래 등이 있지만 더 이상 상업적 목적으로는 어획되지 않는다. 파타고니아이빨고기는 우리말 이름으로 '비막치어'이고 흔히 메로라고 더 잘 알려져 있는데 이는 스페인어로 대구Merluza를 일본인들이 메로라 부르면서 알려진 것이다. 메로는 주로 남극해 주변 심해(1,500~3,000m)에 사는 대형 물고기로 수명은 약 20년이고 최대 길이 2.3m에 무게 130kg짜리가 잡히기도 했다. 남극해에서 국제적 어업을 규제하는 남극해양생물보존협약에서 허용하는 메로 어획량은 연간 12,000t이며 2017년 우리나라가 그중 약 20%인 2,400t을 배당받았다. 메로는 횟감으로 많이 쓰이는 고급어종으로 톤당 가격이 약 2,300만 원으로 참다랑어 1,700만 원, 눈다랑어 800만 원보다 훨씬 비싸다.

크릴은 국제적으로 현재 남극해에서 연간 약 20만 t

흔히 메로로 불리우는 파타고니아이빨고기. 남극에서
상업적으로 어획되는 수산자원이다 (출처: 미국 해양대기국NOAA)

정도가 어획되고 있는데 우리나라는 1999년부터 남극해에서 크릴을 잡기 시작해 2012~13년 시즌 4만 t, 2015~16년 시즌 2만 3,000t을 잡아 세계 2위 크릴 조업국이다. 현재 크릴 조업은 남극세종기지가 위치한 남극반도 인근 남셰틀랜드군도 일대를 중심으로 이루어지고 있는데, 이는 극지연구소가 지난 30년간 수행한 남극 연구 결과(크릴의 생태, 해양환경 등)를 활용하여 조업 지역을 선정했기 때문이다. 우리나라 국립수산과학원의 연구 결과에 따르면 세종기지가 위치한 남셰틀랜드군도 인근에서만 크릴 자원량을 연간 120만 t으로 추정하고 있다. 현재 크릴 가격은 톤당 약 100만 원 정도이며 주로 낚시 미끼와 사료로 소비된다.

남극해의 수산 자원은
누구의 것일까?

\

남극 대륙에서의 지하자원 개발은 금지되어 있지만 주변 남극해에서는 국제 관리 하에 수산 자원 개발(어업)이 진행되고 있다. 1959년 남극조약 체결 후 기존 영토권의 동결과 평화적 이용, 과학 탐사의 완전한 자유가 보장되었으나 체결 당시 자원에 대한 특별한 언급은 없었다. 그러나 남극은 생태적으로 매우 취약하기 때문에 생물자원의 관리와 이용에 특별한 규제가 필요하게 되었다. 따라서 남극조약에서는 남극 지역 생물자원의 보존에 대한 조치로 1972년 남극의 바다표범보호에 관한 협약을 체결했다. 고래에 대해서는 이미 국제포경단속조약(1948년)에 따라 규제되어 왔다. 그 후 남극해 크릴, 물고기의 상업적 어업이 진행되면서 이를 규제하기 위한 별도의 조약으로 남극해양생물보존협약CAMLR이 1980년 5월 20일에 남극조약협의당사국회의에서 채택되어 1982년 4월 7일 발효되었다. 이 협약은 남극수렴선(남극 대륙 주변 찬 바닷물과 따뜻한 바닷물이 만나는 경계 해역) 이남 지역에서의 해양 생물자원을 대상으로 하고 있다. 협약에 의거하여 남극해양생물자원보존위원회CCAMLR를 설치하였으며, 이 위원회가 과학적 자료를 기초로 연간 어획량을 제한하는 규제 조치를 취하도록 하였다. 위원회에는 모든 남극조약 가입국이 참여할 수 있으며 위원회의 사무국은 오스트레일리아의 호바트에 있다. 위원회는 매년 정기 회의를 개최하며 결정은 만장일치제를 택하고 있다. 각 가입국은 위원회에서 정해진 구역별, 어종별 연간 어획량에 맞추어 상업적 어업을 실시하고 있는데 남획을 방지하기 위해 모든 어선에는 다른 나라 감시원이 승선하도록 하고 있다.

남극 크릴이 중요한 이유는?

\

크릴은 새우처럼 생겼지만 분류학적으로 새우와는 거리가 먼 난바다곤쟁이목에 속하는 갑각류 동물플랑크톤이다. 우리나라 부근을 비롯한 전 세계 바다에 살지만 남극해에 많이 분포한다. 크기는 최대 6cm까지 자라며 수명은 최대 8년이지만 자연에서는 대략 3~4년 정도 생존한다.

크릴은 남극해 해양 먹이사슬의 밑바닥을 차지하고 있다. 남극에 서식하는 동물의 대부분이 크릴을 먹기 때문에, 남극해 해양 생태계에서 가장 중요한 생물종이라 할 수 있다. 남극대구, 남극빙어 등 어류에서부터 고래, 해표 등의 포유류와 펭귄, 가마우지, 남방자이언트페트렐, 남극도둑갈매기 스쿠아 등 조류에 이르기까지 남극에 사는 모든 동물은 크릴이 주 먹이다. 이와 같이 다양한 포식자들이 단 한 종류의 먹잇감에 매달리는 것은 지구 어디에서도 찾아볼 수 없는 특이한 현상이다. 그만큼 크릴의 양이 많다는 의미이기도 하다. 남극해 크릴의 생물량은 정확히 알 수 없으나, 현재 가장 권위 있는 남극해양생물자원보존위원회 자료에 따르면 대략 3억 7,900만 t으로 추정하고 있다. 매년 그 중의 약 반 정도가 다른 생물의 먹이로 소비되면서 생태계가 유지되고 있다. 인간이 매년 잡을 수 있는 지속가능한 어획량은 남서대서양 지역에서만 연간 5,600만 t으로 추정되는데 그중 약 1%인 연간 62만 t만 어획이 허용되고 있다. 남서 태평양을 포함한 남극해 전체로 확대한다면 지속 가능한 크릴 어획량은 연간 약 1~2억 t은 가능할 것으로 추정된다. 현재 인간이 바다로부터 얻는 수산물 총생산량은 약 1

남극크릴새우는 남극해 해양 먹이사슬의 가장 밑부분을 차지하고 있다

억 7,000만 t인데 이중 약 절반 정도는 양식으로 얻는다는 점을 고려할 때 자연산인 크릴은 미래 인류의 중요한 식량 자원이 될 것이다.

크릴은 영양가가 높다. 살코기는 고단백질에 필수 지방산을 포함하고 있으며 껍데기에는 영양소로 쓰이는 키틴과 키토산이 있다. 특히 남극 크릴은 오메가-3라는 불포화지방산을 다량 함유하고 있어 인체 노화방지식품 연구 대상이기도 하다. 하지만 크릴은 인체에 해가 될 수 있는 불소 성분을 지녔기 때문에 식용으로 활용하기 위해서는 불소가 포함된 껍질을 벗겨내야 한다. 따라서 식품으로 가공하기 쉽지 않아 현재는 주로 낚시 미끼, 물고기 양식 사료로 사용한다. 미국, 일본, 캐나다, 노르웨이 등 크릴의 자원화에 관심이 있는 나라에서는 미래 식량자원으로 크릴에 대한 연구를 진행하고 있으며 오메가-3 영양제, 크릴 오일 등을 개발해 부가가치를 높이고 있다. 우리나라에서도 크릴에서 단백질을 분리해 햄으로 가공하거나 수프나 죽을 만들기도 한다.

남극 지질의 특징은 무엇일까?

\

남극 대륙은 두꺼운 얼음으로 덮여 하부의 암석을 직접 볼 수 없지만 주변부 암석이나 지진파 자료 등을 통해 지질을 추정해 볼 수 있다. 남극 대륙은 남극횡단산맥을 기준으로 동남극과 서남극으로 나뉜다. 동남극과 서남극은 지형 면에서나 지질학적으로 볼 때 서로 매우 다르다. 동남극은 경도상 동반구 쪽 즉 인도양과 대서양에 면해 있으며 서남극은 서반구, 즉 태평양에 면해 있다. 남극 면적의 73%를 차지하는 동남극은 중국만 한 크기로 평균 2,200m 두께의 두꺼운 빙상으로 덮혀 있다. 동남극의 중앙부는 캐나다 순상지나 오스트레일리아처럼 지구상 가장 오래된 30억 년 이상된 암석으로 구성되어 있을 것으로 생각된다. 대부분 해안을 따라 10억 년 이상의 선캄브리아대 변성암이 나타나며 매우 안정된 육괴이기 때문에 동남극에서는 지진도 발생하지 않는다.

동남극과 서남극 사이를 가로지르는 남극횡단산맥

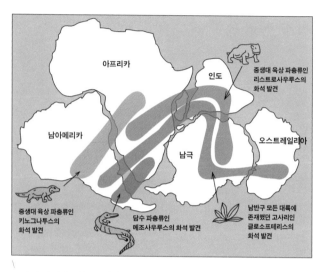

아프리카

인도

중생대 육상 파충류인
리스트로사우루스의
화석 발견

남아메리카

남극

오스트레일리아

중생대 육상 파충류인
키노그나투스의
화석 발견

담수 파충류인
메조사우루스의 화석 발견

남반구 모든 대륙에
존재했던 고사리인
글로소프테리스의
화석 발견

4억 년 전 남반구에 존재했던 곤드와나 거대륙 복원도

은 폭이 100~300km, 길이 3,500km로 웨델해에서 로스해
까지 연장되어 있는 지구에서 4번째로 긴 산맥이다. 남극횡
단산맥은 지질학적으로 동남극의 일부다. 남극횡단산맥에
서는 고생대 초기(약 5억 5,000만 년 전~4억 5,000만 년 전) 큰 지
각 활동(로스 조산운동)으로 인해 그 이전에 있었던 화성암과
퇴적암이 변성된 증거가 발견된다. 그 후 부분적으로 데본
기~쥐라기(4억 2,000만 년 전~2억 년 전) 퇴적암에 덮였으며 1억
8,000만 년 전 다시 대규모 화성암이 관입하였다. 이 2억

년 전~1억 7,000만 년 전 있었던 대규모 관입 작용은 남아프리카, 인도 데칸고원, 오스트레일리아의 태즈메이니아 등 곤드와나 거대륙의 다른 지역에서도 발견되는데, 이는 약 1억 8,000만 년 전부터 시작된 곤드와나 거대륙의 분리 초기에 같이 만들어진 것이다.

서남극은 남아메리카 대륙으로부터 연장된 남극반도의 해안가를 제외하고는 대부분 두꺼운 빙상에 덮여 있지만 하나의 대륙이라기보다는 몇 개의 소규모 땅덩어리들이 하나의 큰 빙상으로 덮여 있는 것으로 추정된다. 서남극은 동남극에 비해 시기적으로 젊은 암석들로 구성되어 있으며 현재도 활발한 지질 활동이 관찰된다. 중생대의 변성화성암, 변성퇴적암이 많이 발견되며 신생대 화산암이 광범위하게 분포한다. 이는 서남극이 남극반도 태평양 연변부를 따라 섭입 작용이 있었던 능동형 대륙 주변부였음을 의미한다. 현재 섭입 작용은 중지되었으나 아직도 남셰틀랜드군도를 따라 화산과 지진이 발생한다. 최근 서남극의 빙하가 빠르게 녹고 있어 지구 기후변화와 관련된 연구가 집중되고 있다.

남극에도 화산이나
지진이 있을까?

\

현재 남극에서 화산 작용이 관찰되는 곳은 남극반도 북쪽 남셰틀랜드군도의 디셉션섬과 로스해의 에레버스, 멜버른, 리트만 화산 등 단 4곳뿐이다(위치는 책 뒤 면지의 남극 지도 참조). 디셉션섬은 화산 분화구에 만들어진 말발굽 모양의 섬으로 안쪽은 외해의 거친 파도를 막아주는 천혜의 항구다. 1967년과 1969년에 화산 폭발이 있었으며 지금도 해변에서는 뜨거운 물이 분출하고 수증기가 피어올라 남극 유람선 관광객의 단골 방문지가 되고 있다. 1970년에도 많은 화산재가 주변 기지에서 관측되었다. 디셉션섬은 19세기 초 고래잡이배에 의해 발견되어 20세기 초까지 고래와 물개 사냥의 전초기지로 사용되었다. 그 후 영국, 아르헨티나, 칠레가 과학기지를 설치했다가 1967년 화산 폭발로 폐쇄했다. 현재는 아르헨티나, 스페인이 임시 기지를 운영하고 있다.

에레버스 화산은 지구상 가장 남쪽(남위 77°)에 있는 활화산으로 로스섬에 위치하고 있다. 화산 활동은 130만

남극에서 가장 큰 활화산인 에레버스 화산은 로스섬에 있다. 남극의 에레버스 화산 정상 3,794m 분화구에서 용암이 끓어오르는 것을 볼 수 있다
(사진 제공: Clive Oppenheimer)

년 전부터 계속되어 정상에서 가스와 수증기가 나오는 것을 볼 수 있고 분화구에서는 용암이 끓고 있으며 간헐적으로 소규모 용암 폭발도 관찰된다. 에레버스 화산이 19세기 중반 영국 탐험대에 의해 처음 발견된 이래 로스섬은 탐험대의 전초기지가 되었으며 지금도 남극 최대의 미국 맥머도 기지와 뉴질랜드의 스콧 기지가 운영되고 있다. 정상의 높이

는 3,794m에 달하며 분화구를 제외하고 눈에 덮여 있어 육안 식별이 곤란하다. 1979년 11월 뉴질랜드 항공사의 DC-10 여객기가 화산에 충돌해 관광객과 승무원 257명 전원이 사망하기도 하였다. 장보고기지에서 불과 30여km 떨어져 있는 멜버른 화산은 높이가 2,732m이며 현재는 간헐적으로 수증기를 분출하는 정도의 미세한 활동만 보이고 있지만 18~19세기에 분출을 했던 기록이 있다. 리트만 화산은 장보고기지에서 북서쪽으로 150km 떨어져 있는데, 대부분 얼음에 덮여 화산의 형태를 잘 볼 수 없으나 일부 암반 지역에서 가스 분출이 관찰된다. 이외에도 서남극 메리버드 랜드 지역의 빙하 하부에서 화산 폭발이 간접적으로 관측되기도 하였다.

　　남극은 지구상에서 가장 지진 활동이 미약한 지역이다. 약간의 지진이 서남극 주변부 특히 남극반도 북쪽에서 관측되지만 타 대륙에 비해 현저히 적은 편이다.

남극에도 화석이 나올까?

\

현재 남극은 매우 춥고 건조하기 때문에 생물이 살기 어렵
지만 과거의 기후는 지금과는 전혀 달랐다. 한때는 밀림으
로 뒤덮였으며 공룡이 뛰어다니기도 했다. 그러나 현재 대륙
의 약 2%만이 빙하로부터 노출돼 있어 화석 발견이 어렵기

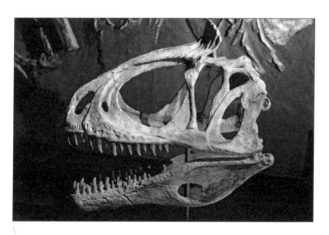

1990~91 남극에서 발견된 공룡 크라이로포사우르스 화석. 현재 시드니
호주박물관 전시

는 하지만 몇몇 지역에서 다양한 화석이 많이 발견된다. 남극반도 지역과 남극횡단산맥을 따라 고생대의 삼엽충 화석부터 중생대(약 2억 5,000만 년 전) 식물, 무척추동물 등이 발견된다. 풍부한 식물 화석이나 규화목(나무 화석)은 한때 울창한 삼림이 번성했음을 암시하며, 공룡이나 캥거루 같은 유대목 포유류 동물 화석도 발견된다. 지금까지 남극에서 발견된 가장 오래된 화석은 2억 8,000만 년 전 살았던 나무 화석이다.

초기 쥐라기 시대 가장 큰 포식자로 알려진 크라이오사우르스

장보고기지 북쪽 북빅토리아랜드에서 발견된 트라이아스 말기-쥐라기 초기의
규화목 (사진 제공: 우주선)

대규모 화석 산지는 남극반도 부근 제임스 로스섬
인데 중생대 백악기 말 약 7,000만 년 전 지층에서 조류, 해
양 파충류, 공룡 화석이 나온다. 이 시기에 이 지역은 현재
와 비슷한 위도에 위치했지만 지금보다 훨씬 온화한 기후였
다. 가장 오래된 남극 공룡 화석은 백악기 초기(1억 4,000만
년 전~1억 년 전) 오스트레일리아와 남극 대륙이 아직 붙어있
던 시기에 살았던 크라이오로포사우르스종으로 북미에서
도 유사종이 발견된다. 또 다른 종인 그레시알리사우르스도
남극에서 발견되었는데 남아프리카와 중국에서 유사 종이

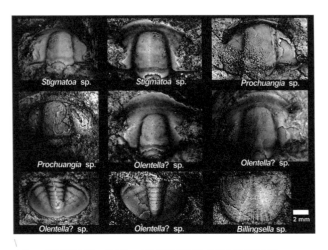

장보고기지 북쪽 북빅토리아랜드 고생대 캄브리아기 삼엽충, 완족류 화석
(사진 제공: 박태윤)

발견된 바 있다. 남극 세종기지 부근에서도 나뭇잎 화석, 규화목 등이 발견되는데 팔레오세 말~에오세(약 6,000만 년 전 ~3,300만 년 전) 동안에 살았던 열대-아열대 종으로 당시 환경이 지금보다 훨씬 따뜻했다는 것을 알 수 있다. 장보고기지로부터 100km 정도 떨어진 남극횡단산맥의 고생대 말~중생대 퇴적층을 따라 화석이 발견되며, 북쪽 고생대 변성암층에서도 캄브리아기 삼엽충과 트라이아스긴 말~쥐라기초의 규화목 등이 발견된다.

남극에도 지하자원이
존재할까?

\

남극 대륙은 중국과 인도를 합한 크기의 얼음에 덮인 대륙이다. 빙상 밑 지형은 다른 대륙처럼 산도 있고 계곡도 있고 호수도 있다. 따라서 다른 대륙에 존재하는 금속광물, 석탄, 석유, 가스 자원 등이 남극 대륙이라고 없을 이유가 없다. 다만 대륙의 98%가 얼음에 덮여 있기 때문에 직접 조사나 개발이 어렵다는 점이 다르다. 남극 대륙에 존재하는 지하자원의 간접적인 증거는 약 1억 8,000만 년 전까지 남반구에 존재했던 곤드와나 거대륙에서 얻을 수 있다. 즉 곤드와나 대륙의 일부였던 오스트레일리아, 남아메리카, 아프리카, 인도 대륙에서 나오는 금속광물, 석탄, 석유의 존재로부터 남극 대륙에도 자원의 부존 가능성을 가늠할 수 있다.

　　　남극에서도 땅이 노출된 일부 지역에서 자원이 직접 발견되는데 남극횡단산맥을 따라 나타나는 석탄층과 프린스찰스산맥에서 산출되는 철, 구리, 니켈 광석이 있다. 그러나 이것들은 개발된다고 하더라도 아직 확인된 규모로만으

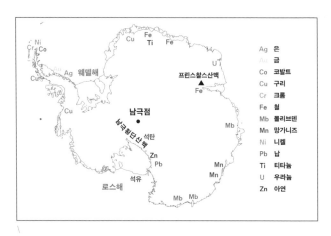

남극 대륙의 지하자원 분포도

로 본다면 소규모이고 무엇보다 수송이 어렵기 때문에 현재로는 경제성이 희박하다. 석유는 남극 대륙 주변 대륙붕에 대규모 퇴적분지가 있는 웨델해와 로스해가 가장 유망하다.

현재 남극의 광물자원 개발은 1998년 체결된 남극조약 환경보호의정서에 따라 적어도 2048년까지는 개발이 금지되었고, 개발에 관한 논의는 그 이후에야 다시 꺼낼 수 있다.

남극에도 석유가 있을까?

\

현재까지 세계 어느 나라도 남극에서 석유 개발을 목적으로 탐사를 실시한 적은 없다. 왜냐하면 1998년 발효된 남극 조약 환경보호의정서에 의해 남극에서의 모든 광물자원 관련 활동은 협약 발효 후 50년간, 즉 2048년까지 금지되기 때문이다. 협약에 따르면 2048년이 되면 개발이 가능해지는 것이 아니라 다시 개발에 대해 논의할 수 있는 시점이 된다. 따라서 현재 석유와 관련된 탐사 자료가 별로 없기 때문에 정확히 알려진 바는 없으나, 오랜 지질시대 동안 남극 대륙과 붙어 있던 남아메리카 대륙의 끝부분인 마젤란 해협이나 오스트레일리아 대륙에서 석유나 천연가스가 생산되고 있는 점을 미루어 볼 때 남극에도 석유가 매장되어 있을 가능성이 높다.

지질학자들은 남극에서도 특히 대규모 퇴적 분지가 존재하는 로스해와 웨델해 대륙붕이 가장 유망한 석유 매장지일 것으로 생각한다. 남극에 존재하는 총 10개 정도의 퇴적 분지에 약 500억~2,000억 배럴 규모의 석유와 가스 자원이 있을 가능성이 있다고 추정하고 있다. 그러나 석유 자원이 있다고 하더라도 남극 같은 혹독한 기후조건에서는 기술적으로 문제가 있고 비용이 많이 들기 때문에 실제 개발은 쉽지 않을 것이다. 또한 개발에 따라 영토권을 둘러싼 국제 분쟁의 가능성도 제기될 수 있다. 그렇지만 전문가들은 남극의 석유 개발이 가능해지고 원유 가격이 배럴당 미화 100달러를 넘으면 채산성이 있을 것으로 추정하고 있다.

운석은 왜 남극 대륙에서
많이 발견될까?

\

2019년 기준 국제운석학회에 정식 등록된 약 3만8,000개의 운석 중 60%인 2만 3,000개가 남극에서 수집되었다. 운석이란 우주를 떠돌던 암석이 지구의 중력에 끌려 들어와 떨어지면서 대기 마찰에 의해 완전히 타지 않고 일부가 지표면으로 떨어진 물질이다. 대부분의 운석은 화성과 목성 사이의 소행성대에서 유래하는데, 소행성대 물질은 태양계

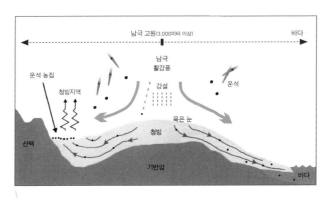

남극 운석은 빙하와 함께 흐르다 산맥을 만나게 되면 한곳에 모이게 된다

우리나라가 남극에서 발견한 무게 94g의 달 운석. 아폴로 우주선이 달에서 가져온 암석과 비교해 달 운석으로 최종 확인되었다

생성 초기에 만들어진 것들이기 때문에 태양계 생성 초기의 기록이 잘 보존되어 있다. 소행성대 이외에 달이나 화성의 표면 암석으로부터 유래된 운석도 있다.

지구상 다른 곳보다 특별히 남극에 운석이 많이 떨어질 이유는 없다. 우주로부터 날아오는 운석은 지표면에 균일하게 떨어질 것이다. 다만 빙하로 덮인 남극의 특성상 떨어진 운석이 자연적으로 한군데로 모이게 되어 발견하기가 수월하다. 남극 운석은 1970년대 초 일본 탐사대에 의해 야마토 산맥 부근에서 다량 발견된 이후 빙하와 함께 이동하는 운석의 메커니즘이 밝혀졌다. 즉 대륙 빙상 위로 떨어진 운석은 시간이 지남에 따라 서서히 빙상 속으로 파묻혀 이동하다 커다란 산맥을 만나면 솟아오르면서 얼음은 바람에 마모되어 차츰 날아가고 그 속의 포함된 운석만 한 곳에 남게 된다. 이런 메커니즘이 알려진 후 미국과 이탈리아의 남극 탐사대가 남극횡단산맥을 따라 운석 찾기에 나서 큰 성공을 거두었다. 우리나라도 2007년 이후 남극 엘즈워스 산맥과 빅토리아랜드 일대에서 1,100여 개 이상의 운석을 발견하여 세계 5위의 운석 보유국이 되었다. 2013년에는 달에서 온 운석도 발견한 바 있다. 운석을 발견하면 실험실로 운반하여 종류별로 분류·보관하고 국제학회에 등록한다.

남극 4,000m 얼음 아래에 큰 호수가 있다?

\

남극 대륙 내부 두꺼운 빙상 밑에 존재하는 호수를 빙저호라고 부른다. 빙저호의 존재는 1990년대 초 러시아 남극 보스토크 기지 밑 빙상 4,000m 아래에서 호수가 발견되면서 알려졌다. 그 후 남극에서는 약 400여 개의 빙저호가 발견되었는데 그중 보스토크 빙저호의 규모가 가장 크다. 연평균 -55℃ 지역의 빙상 하부에 어떻게 물이 존재할까? 그 이유는 상부 얼음이 단열재 역할을 해서 빙상 밑 대륙에서 나오는 지열로 인해 녹은 물이 어는

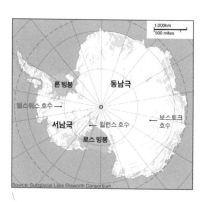

\
남극에서 시추가 추진되었던 3곳의 빙저호 위치.
엘스워스 호수는 시추에 실패했다

남극 윌런스 빙저호에서 발견된 물고기

것을 막아주기 때문이다. 두꺼운 빙상 하부에는 얇은 수층
이 존재하는데 수온이 -3℃ 정도이지만 극심한 압력 때문
에 물로 존재한다. 남극 빙상은 바로 이런 수층 때문에 쉽게
이동이 가능하다. 빙상 하부의 지형을 보면 다른 대륙에서
볼 수 있는 것처럼 평원, 산, 계곡 등이 존재하는데 바로 이
런 계곡에 빙상 하부의 물이 고여 빙저호가 형성된다. 빙저
호는 1,100만 년 전 현재 남극 빙상이 형성되면서부터 만들
어졌을 것으로 추정되는데 빙저호에 고인 물은 계속 흘러나
가고 채워지기 때문에 나이가 그리 오래되지는 않았을 것으

로 추정된다. 하지만 호수 하부에 있는 퇴적물은 오랜 기간 쌓였기 때문에 그 안에는 기후변화에 대한 많은 자료가 있을 것이다.

빙저호의 환경은 극도의 고압(355bar), 저온, 어둠, 유기물 부족, 과도한 산소 농도 등일 텐데 과연 이런 환경에서 생존하는 생명체가 있을까? 실제로 미국 연구팀은 2013년 남극의 월런스 빙저호Lake Whillans에서 퇴적물에 사는 박테리아의 존재를 확인하였다. 이 박테리아는 광합성 대신 약 12만 년 전부터 쌓인 퇴적물 속의 암모니아와 메탄을 먹이로 살아가는 미생물이다. 남극 빙저호에서 발견된 우리

월런스 빙저호의 물에서 채집된 미생물 배양

가 지금까지 보지 못한 극한 환경 생명체의 존재로부터 이와 유사한 환경인 목성 위성 유로파Europa에도 우주 생명체가 존재할 가능성을 짐작할 수 있다.

보스토크 빙저호란 무엇일까?

\

보스토크Vostok 빙저호는 동남극 대륙 빙상의 극한점에 위치한 러시아 보스토크 기지(해발 3,488m)의 얼음 밑에 존재하는 거대한 호수다. 호수 수면은 기지에서 약 4,000m 얼음 아래에 존재하므로 해수면보다 약 500m 아래에 있다. 보스토크 빙저호는 길이 250km, 너비 50km의 길쭉한 모양으로 면적이 12,500km²이며 평균 깊이가 432m에 달해 세계에서 6번째로 큰 호수다. 이 호수의 존재는 1960년대 초 소련 과학자에 의해 제기되었으며 그 후 1993년 인공위성 자료를 통해 확인되었다.

보스토크 호수는 약 1,500만 년 전부터 빙하에 의해 덮였을 것으로 추정되는데, 그 이후 호수 표면의 얇은 얼음이 빙하의 유동과 함께 계속 깎여나가고 주변 빙하 하부의 녹은 물이 끊임없이 흘러들어 고이는 독특한 물순환 체계를 갖고 있을 것으로 보고 있다.

러시아, 미국, 프랑스 연합팀은 1998년 보스토크

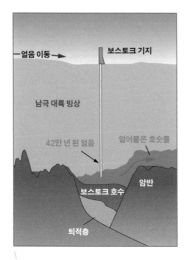

러시아 보스토크 기지 빙저호 시추 개념도

3,623m까지 시추하여 지난 42만 년 동안의 지구 기후변화 기록을 얻어냈다. 이때는 호수 수면에 닿기 100m 전까지만 시추하고 중단하였는데 이유는 시추공을 유지하기 위해 채워놓은 60t에 달하는 프레온과 등유로 호숫물이 오염되는 것을 막을 방법이 없었기 때문이었다. 그 후 2012년 러시아는 단독으로 3,768m까지 시추해 호수 수면에 도달했다. 시추기가 호수를 관통하자 호숫물이 압력으로 지표까지 솟구쳐 올라오면서 오염되었다.

그 후 호수 오염의 대안으로 뜨거운 물을 고압으로 분사해 빙하를 뚫는 열수 시추 방법이 개발되었다. 미국 연구팀은 이를 이용 2013년 월런스 빙하를 800m 뚫어 빙저호에 도달하는 데 성공했다. 월런스 빙하는 약 $60km^2$ 면적

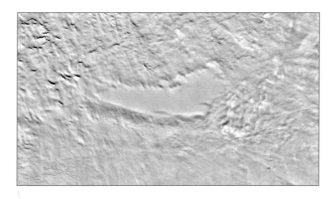

보스토크 빙저호는 위성사진에서도 선명히 관측된다

에 깊이는 2m 정도다. 호숫물과 퇴적물에서 미생물의 존재를 확인했으며, 호수 하부 민물과 바닷물의 경계까지 시추하여 어둠 속에 사는 물고기, 갑각류, 연체동물 등을 발견하였다. 그러나 열수 시추 기술 또한 빙하 깊숙이 존재할지 모르는 미생물을 없앨 수 있기 때문에 이것도 완벽한 방법이 될 수 없다.

우주 연구의 최적지,
남극점 아문센-스콧 기지

\

남극점은 기온과 습도가 낮고 대기가 매우 안정되어 있어 초정밀 광학 천문 관측에 최적지다. 또한 겨울이 되면 6개월간 밤만 계속되기 때문에 태양광의 간섭도 받지 않는다. 남극점에 위치한 미국의 아문센-스콧 기지에는 BICEP이라는 전파 망원경이 설치되어 있다. BICEP 망원경은 빅뱅으로 생긴 우주의 급팽창 때문에 발생한 중력파가 시공간을 흩트리며 퍼져 나가는 현상을 우주배경복사를 통해 관측하려고 설치하였다.

이외에도 남극점에는 우주의 수수께끼 입자인 중성미자(뉴트리노)를 관측하기 위한 지구 최대 관측소가 있다. 우주에서 블랙홀이 생성되는 과정에서 먼저 별이 폭발하면서 중성미자라는 입자를 방출하게 되는데 중성미자는 전기적으로 중성이기 때문에 우주 자기장의 영향을 받지 않고 빠른 속도로 날아간다. 그러나 중성미자는 지구를 통과해 버릴 정도로 너무 작고 빠르기 때문에 측정하기가 매우 어렵다. 따라서 중성미자 검출을 위해서는 주변의 간섭을 받지 않는 거대한 관측 시설이 필요하다. 남극에서 우주로부터 날아오는 중성미자의 근원을 연구하기 위한 아이스 큐브 계획으로 아문센-스콧 기지에는 1,450~2,450m 깊이의 총 86개 빙하시추 구멍에 케이블로 연결된 총 5,160개의 광센서를 설치하여 2010년 12월부터 관측을 시작하였다. 그 결

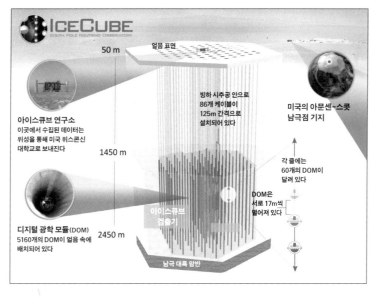

남극점 얼음 속에 센서를 설치한 아이스큐브 연구계획을 통해 우주로부터 날아오는 중성미자 검출에 성공했다 (출처: Icecube)

과 태양계 외부로부터 기원한 28개의 중성미자를 검출하는 데 성공했으며, 2018년에는 지구로부터 약 40억 광년 떨어진 오리온자리에서 유래한 중성미자를 최초로 검출하기도 했다. 향후 중성미자 관측을 통해 빅뱅으로부터 시작된 우주 생성의 비밀을 남극점에서 풀 수 있게 될지도 모른다.

남극 스웨이츠 빙하 연구란
무엇일까?

\

유명 국제 학술지인 〈네이처〉는 서남극 스웨이츠 빙하 연구를 2019년 최대 과학 이슈로 선정하였다. 이 연구는 우리나라 극지연구소가 미국, 영국의 연구진과 공동으로 수행하는 연구다. 현재 지구 온난화로 남극 대륙의 빙상이 감소하고 있는데, 특히 태평양에 면한 아문센해 지역에서의 서남극 빙상 붕괴가 뚜렷하게 감지되고 있다. 21세기 들어 아문센해 파인섬 빙하가 남극 전체 얼음 감소의 25%에 해당할 만큼 급격하게 붕괴되면서 해수면을 연간 0.13mm씩 끌어 올렸다. 파인섬 빙하 붕괴에 뒤이어 그 옆 스웨이츠 빙하의 붕괴도 이미 되돌릴 수 없는 단계에 접어든 것으로 관측되며 이 같은 현상이 지속된다면 조만간 서남극 빙상 전체의 붕괴로 이어질 것이다. 서남극 빙상 전체가 무너질 경우 지구 해수면은 약 5m 상승할 것이다. 스웨이츠 빙하는 영국만 한 크기의 빙하로 연간 4km의 속도로 흐르면서 40cm씩 얇아지고 있는데 이 양은 현재 지구 해수면 상승의 약 4%

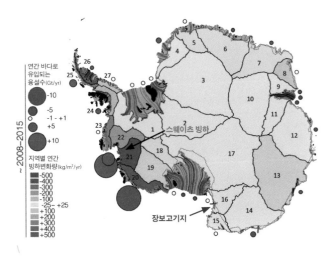

남극 아문센해에 위치한 스웨이츠 빙하는 가장 빠른 속도로 녹아내리고 있다

를 차지할 만큼 크다. 스웨이츠 빙하가 다 녹으면 해수면이 65cm 상승하게 될 것이다.

　　남극 빙하는 대륙에 쌓이는 눈보다 많은 양의 얼음이 녹음으로써 해수면 상승을 유발한다. 이런 빙하의 변화를 이해하기 위해서는 얼음의 이동뿐 아니라 얼음의 감소에 영향을 미치는 주변 바다와 해당 지역의 기상에 대한 정밀 관측이 필요하다. 남극 스웨이츠 빙하 연구는 바다와 빙하 위에서 정밀 관측을 통해 남극 빙상과 해수면의 변동 과정을 이해하고 그 원인을 규명함으로써 궁극적으로 해수면 변화를 예측하고자 하는 것이다. 국제 공동연구에 참여하는 우리나라는 특히 쇄빙선인 아라온호를 이용해 주변 바다와 빙상 변화의 상관관계를 연구하는 데 큰 역할을 할 것으로 기대된다.

남극 내륙 탐사 트레버스는
어떻게 하는 걸까?

\

남극 대륙을 연구하기 위해서는 해안가에 위치한 기지에서 내륙의 춥고 건조한 빙원 지대로 보통 1,000km 이상을 트레버스traverse(횡단)해야 한다. 물론 스키를 장착한 비행기를 이용해 빙원에 내릴 수도 있지만 연구를 위해 많은 장비, 시설, 연료를 수송하기 위해서는 설상차를 이용해 육로로 빙

\
남극 내륙 트레버스는 연료와 물자를 싣고 1,000km 이상을 왕복해야 한다. 사진은 프랑스 트레버스 모습

남극 내륙 트레버스를 위해 크레바스 탐지용 레이더를 설치하여야 한다

하를 올라 내륙으로 나아가야 한다. 보통은 한 번에 10여 대 정도의 설상차가 수백 톤의 화물과 연료를 싣고 나아가게 된다. 특히 해안에서 처음 수백 킬로미터 구간에는 많은 크레바스가 있기 때문에 빙원에 오르기 전까지는 매우 조심해서 전진해야 한다. 탐사 전에 미리 위성사진을 통해 큰 크레바스 지역은 피해서 우회하기도 하지만 1~2m 이하의 작은 크레바스 표면은 겨우내 눈에 덮여 겉으로 드러나지 않는다. 따라서 선두 설상차 앞으로 길게 붐대를 내밀어 레이더 장치를 달고 천천히 전진하면서 숨은 크레바스를 찾아낸다. 보통 남극 트레버스는 왕복 2주에서 3달 이상이 걸리기 때문에 그동안 탐사대원들이 머물 이동식 숙소 카라반과 식량, 연료를 함께 끌고 간다. 트레버스 선두에는 보통 눈을 평평하게 밀어주는 설상차를 배치하고 이어 각종 화물, 연료, 숙소 카라반을 끄는 설상차가 줄을 지어 이동하게 되므로 행렬의 길이가 길게는 몇백 미터에 이르기도 한다.

남극에서 내륙기지를 운영하는 경우에는 장거리 트레버스가 반드시 필요하므로 러시아, 프랑스, 미국은 매년 정기적으로 실시하며, 일본, 중국도 내륙 하계기지 지원을 위해 2~3년에 한 번씩 운영하고 있다.

우리나라의 남극 K-루트 사업이란
무엇일까?

\

K-루트 사업이란 남극 장보고기지에서 내륙 빙하 시추 지역까지 진출하기 위해 안전한 육로를 개척하는 트레버스를 말한다. 우리나라는 1987년 남극 킹조지섬에 세종기지를 건설한 이후 대륙 진출을 위해 아라온호를 건조하고 2014년 로스해 연안에 장보고기지를 건설하였다. 장보고기지는 그 자체로 지질, 빙하, 해빙, 고위도 기상, 고층대기물리, 천문 연구에 적합한 지역일 뿐만 아니라 내륙으로 진출하는

K-루트 트레버스를 위해 특수 제작된 국산 SUV

우리나라의 남극 내륙 진출을 위한 K-루트 트레버스 모습

교두보로서의 가치도 크다.

　　내륙으로 진출하는 가장 큰 목적은 두꺼운 빙하 시추를 통해 과거의 지구 기후변화 기록을 얻으려 하는 것인데 대륙 가운데로 갈수록 빙하의 두께가 두꺼워져 더 오랜 기록을 얻을 수 있다. 이외에도 고층대기물리, 기상, 천문관측 등 내륙의 고위도 지역에서 중요한 연구가 이루어진다. 그러나 대륙 내부로 갈수록 고도가 높아지고 춥고 바람도 심하기 때문에 더욱 극한의 환경으로 변한다. 특히 장보

고기지에서 내륙으로 진입하는 첫 200km 구간에는 경사가 급하고 크레바스가 많기 때문에 앞으로 나가기가 매우 위험하다. 많은 크레바스는 겨울 기간 눈으로 덮여 육안으로 드러나지 않기 때문에 위성사진, 항공 레이더, 육상 레이더로 탐지하여 피해간다. 본격적인 여름이 되면 크레바스가 더욱 많이 생기기 때문에 트레버스는 보통 10~11월 사이 봄에만 진행한다. 매년 남극 봄 기간에 몇백 킬로미터씩 전진하며 내륙 1,300km 지점까지 안전한 육상 수송로를 개척해 나가고 있다. 크레바스는 빙하 이동에 따라 위치가 조금씩 이동하기 때문에 루트를 매년 조금씩 조정하여야 한다. K-루트 사업 트레버스를 위해서는 열 대 이상의 설상차가 숙소 카라반, 유류 탱크, 화물 컨테이너를 끌고 진행한다. 통상 해발 2,000m 이상 빙원 지대에 도착하면 평탄한 설원이 펼쳐지고 크레바스도 없기 때문에 특별히 개조된 SUV 차량을 이용하기도 한다.

4. 북극에 대해 더 궁금한 점

북극의 툰드라. 출처: 극지연구소 최용회

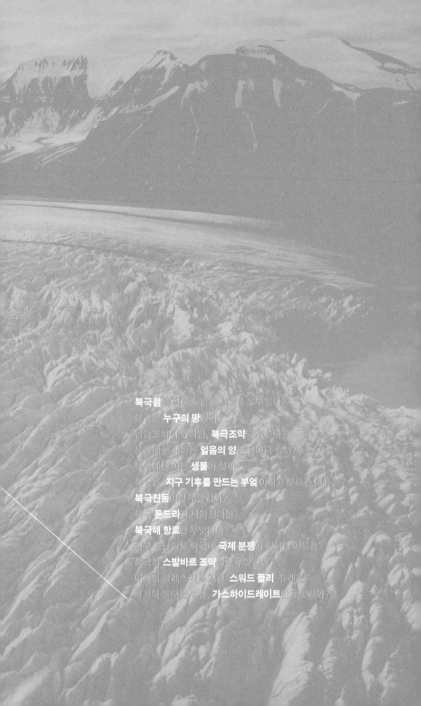

북극점을 최초로 밟은 사람은 누구일까?

\

사람들은 이미 16세기부터 북극점이 북극해 바다 어디쯤 있을 것이라고 믿어왔다. 19세기에 들어와 배를 타고 북극점 탐험을 시도했지만 두꺼운 해빙 때문에 북극점까지는 도달할 수 없었다. 역사상 북극점을 처음 밟은 사람은 1909년 4월 6일 미국 해군 엔지니어였던 로버트 피어리다. 일찍부터 인간이 살았던 북극에서도 북극점 정복이 남극점 정복보다 겨우 2년이 빨랐다는 것은 극점 도달이 얼마나 어려운지를 잘 보여준다.

항공기로 북극점을 처음 비행한 사람은 1926년 5월 9일 미국 해군의 버드제독이다. 비행선을 타고 북극점에 처음 도달한 사람은 바로 남극점을 정복했던 노르웨이의 아문센이다. 아문센은 버드제독이 북극점을 날고 3일 후인 1926년 5월 12일 비행선을 타고 북극점에 도달했다. 소련은 1937년 북극점 해빙 위에 최초로 북극점-1 기지를 건설하고 9개월간 관측을 실시하다가 해빙이 깨지면서 무려

북극점을 최초로 밟은 사람은 미국인 로버트 피어리다. 그는 1909년 4월 개썰매를
끌고 북극점에 도착했다

2,850km 떨어진 그린란드 부근까지 떠내려가 쇄빙선에 구조되기도 했다.

1959년 4월에는 미국 핵잠수함 스케이트호가 북극점에 해빙을 뚫고 솟아나왔으며, 1977년 8월에는 소련의 원자력 쇄빙선 아티카호가 최초로 해빙을 뚫고 북극점에 도달하기도 했다.

북극은 누구의 땅일까?

\

북극은 북극해와 북극해에 면한 주변국들과 북유럽 국가들의 일부 영토로 구성되어 있다. 따라서 북극의 육지는 러시아(시베리아 북부), 미국(알래스카), 캐나다, 덴마크(그린란드), 노르웨이 등 5개 북극해 연안국과 핀란드, 스웨덴, 아이슬란드의 북쪽 영토로 구성되어 있다. 북극해는 1982년 체결된 유엔 해양법협약의 200해리 배타적 경제수역(경제적 주권이 미치는 바다)을 기준으로 할 때 중앙 부분은 어느 국가에도 속하지 않는 공해 지역으로 남는다. 최근 기후변화에

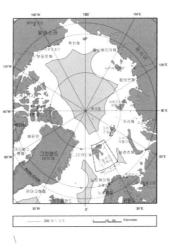

\
북극해와 중앙 200해리 이상 공해지역

북극의 주인은 4백만 명에 달하는 원주민들이다

따른 북극해 해빙 감소로 북극항로, 석유 개발 등 북극의 경제적, 전략적 중요성이 증대되면서 해양 영토권에 대한 분쟁이 야기되고 있다. 특히 러시아는 해양 경계를 정하는 데 있어 캐나다, 덴마크, 노르웨이와 다른 주장을 내세우고 있다(234쪽 참조).

북극은 남극과 달리 현재 약 4백만 명 정도의 원주민이 살고 있으므로 북극의 진정한 주인은 바로 그곳에 사는 원주민이다. 북극해 주변의 대륙에 인간이 살기 시작한 것은 지금으로부터 약 5,000년 전으로 추정된다. 북극 원주민은 사미족(노르웨이, 스웨덴, 핀란드 거주), 네넷족, 척치족(러시아 시베리아 거주), 이누이트족(알래스카, 캐나다, 그린란드 거주)으로 나뉜다. 또한 동시베리아, 알래스카, 캐나다 북부, 그린란드에 걸쳐 사는 원주민을 에스키모라고도 부르는데 이는 설피(눈신발)를 짜는 사람들이라는 뜻이다. 에스키모 중 그린란드와 캐나다에 사는 인종을 이누이트족이라 부르고 동시베리아와 알래스카에 사는 인종을 유픽족이라고 부른다.

남극조약이 있다면,
북극조약도 있을까?

\

남극은 기존 영토권을 동결하고 과학 연구의 자유를 보장하는 남극조약에 따라서 국제적으로 관리되고 있다. 이렇게 국제적 관리가 가능한 이유는 무엇보다 원주민이 없기 때문이다. 그러나 북극은 미국, 캐나다, 러시아, 노르웨이, 덴마크(그린란드) 등 5개국이 북극해에 면해 있고 거기에 400만 명이나 되는 원주민이 살고 있기 때문에 국제적 공동 관리가 불가능하다. 따라서 남극처럼 북극을 관리하는 국제협약은 없다. 다만 북극에서의 국가 간 협의기구로는 북극이사회 Arctic Council가 있다. 북극 이사회는 북극권 8개국(북극해 연안 5개국과 아이슬란드, 핀란드, 스웨덴 포함)들이 북극에서의 지속 가능한 개발과 환경보호 등 공통 관심사를 논의하기 위한 목적으로 1996년 결성하였다(책 앞 면지의 북극 지도 참조). 현재 북극 이사회 회의에는 정회원 8개국과 6개 원주민 단체가 영구 참여하며 영구 옵서버 자격으로 우리나라를 비롯한 13개국도 참여하고 있다. 이밖에도 유엔환경계획UNEP 등 13

개 정부 간 기구 및 국제북극과학위원회[IASC] 등 13개 비정부 기구도 옵서버 자격으로 참여하고 있다. 북극이사회 산하에는 동식물 보존 등 6개 실무그룹이 있는데 옵서버 국가들도 실무그룹 활동에 적극 참여하고 있다. 북극이사회 사무국은 노르웨이 트롬쇠에 있으며 회장국은 북극권 8개국이 2년마다 돌아가며 맡는다.

북극에 존재하는 얼음의 양은
얼마나 될까?

\

북극에 존재하는 얼음은 대부분 북극해를 덮고 있는 해빙이다. 북극해는 대륙으로 둘러싸인 폐쇄된 바다이기 때문에 해빙이 잘 움직이지 않는다. 물론 해류를 따라 해빙이 조금씩 움직이기는 하지만 빠져나가지 못하고 대부분 북극해의 찬 바다 안에 머무른다. 겨울철에는 해빙의 면적이 1,500만 km²에 달하지만 여름철이 되면 700만 km²로 줄어든다. 빠져나가지 못한 깨진 유빙은 서로 합쳐져 두껍게 얼어붙고 곳곳에 언덕을 이뤄 여름에도 녹지 않게 된다. 또한 여름에도 녹지 않는 해빙은 이듬해 겨울까지 계속 두꺼워져 다년생 해빙을 형성한다. 이런 다년생 얼음은 매우 단단하기 때문에 쇄빙선도 뚫고 나가기 어렵다. 반면 남극 해빙은 바다가 열려 있기 때문에 여름철에 대부분 사라진다. 따라서 남극보다 다년생 해빙이 많은 북극에서 더욱 강력한 쇄빙선이 요구된다.

육상 얼음은 그린란드의 약 80%를 덮고 있는 그린

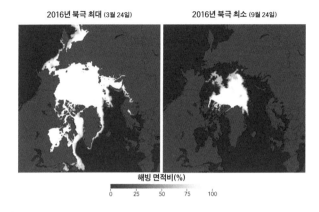

2016년 북극 최대 (3월 24일) **2016년 북극 최소 (9월 24일)**

해빙 면적비(%)

0　　25　　50　　75　　100

북극의 해빙 면적은 매년 3월에 최대로 증가했다가 9월에 최소로 감소한다
(출처: 미국 항공우주국NASA)

란드 빙상으로 면적이 무려 171만 km²에 달해 남극에 이어 지구상 2번째로 큰 빙상이다. 빙상의 평균 두께는 2,100m, 얼음의 총량은 285만km³에 달해 전부 녹으면 해수면을 7.2m나 끌어 올릴 수 있는 막대한 양이다. 그린란드 빙하는 대략 1,800만 년 전부터 존재했던 것으로 1,100만 년 전에서 1,000만 년 전까지 기간에 규모가 크게 감소하기도 했다.

　　지구 온난화로 북극해 해빙도 빠르게 녹고 있다. 해수면 상승 측면에서 볼 때 해빙은 녹는다고 해도 별 영향이 없지만 육상의 그린란드 빙하는 큰 영향을 미치고 있다. 최근 연구 결과를 보면 그린란드 빙하가 녹는 속도는 2003년 이후 약 4배 빠르게 증가했다. 지난 2002~2016년 사이 매년 약 2,800억 t의 북극 빙하가 녹아 해수면이 0.7mm씩 상승하고 있다.

북극에는 어떤 생물이 살까?

\

북극은 남극보다 훨씬 많은 생물이 서식하고 있다. 북극은 북극해와 주변 바다, 알래스카, 캐나다, 그린란드, 아이슬란드, 노르웨이, 스웨덴, 핀란드, 러시아의 북방 영토 일부가 포함되기 때문에 바다에 사는 생물뿐 아니라 육상 생물도 매우 다양하게 살고 있다. 환경적으로 육지는 계절에 따라

\
북극 야생화 자주범의귀

＼
북극에 사는 대표적 조류인 대서양퍼핀

눈과 얼음으로 덮이고 토양은 동토층으로 구성되며 바다는
계절적으로 해빙에 덮인다. 따라서 북극 생태계는 얼음에
사는 생명체부터 바다에 사는 동·식물플랑크톤, 물고기, 물
개, 바다코끼리, 고래, 육상에 사는 새, 식물, 동물, 원주민까
지 매우 독특하게 구성되어 있다. 육상 식물로는 야생 산딸
기가 열리는 키 낮은 관목류, 약초, 이끼, 지의류 등이 툰드
라 지역에 서식하며 위도가 높아질수록 종류와 수가 감소
한다. 여름에 열리는 야생 산딸기는 원주민의 귀중한 비타

\
북극여우

민 공급원이기도 하다. 육상동물로는 쥐, 토끼, 흰올빼미, 사향소, 순록이 있고 이들을 사냥하는 북극여우, 회색곰, 늑대가 산다. 북극 지역에서만 사는 흰색의 북극곰은 바다 동물로 분류되는데 주로 바다 물개를 먹고 산다. 최근 지구 온난화로 해빙이 감소하고 먹잇감이 계속 줄면서 개체수가 감소해 현재 2만~2만 5,000마리 정도가 남은 것으로 추정된다.

북극에서 발견되는 새는 주로 200여 종 이상의 철새가 대부분이지만 연중 사는 토종도 10여 종 이상 있다. 대

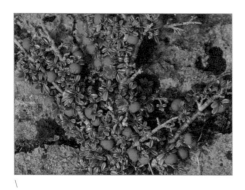
\
북극야생산딸기

표적인 북극 철새로 대서양퍼핀이, 토종으로는 북극흰올빼미가 꼽힌다. 이 밖에도 오소리, 북방 족제비, 무스, 야생 양, 북극 다람쥐도 존재한다. 또한 현재 약 400만 명 정도인 원주민은 기원전 2,500년부터 북극에서 살아왔던 것으로 알려져 있다.

북극을 '지구 기후를 만드는 부엌'이라고
부르는 이유는?

\

북극은 지구 여분의 에너지를 흡수하는 역할을 하기 때문에 지구 기후를 조절하는 데 매우 중요하다. 지구의 적도지방에 쌓이는 에너지는 대기 순환과 해류에 의해 지속적으로 극지방으로 이동한다. 특히 바다는 대기 중 에너지의 80%를 흡수해서 많은 열과 수증기를 포함하고 있으므로 해류 순환을 따라 주변 대기 온도와 습도에 큰 영향을 미치고 있다. 우리나라보다 훨씬 위도가 높은 북유럽이 비교적 온화한 이유는 적도 부근에서 만들어진 따뜻한 표층해류인 멕시코 만류가 서유럽까지 올라가면서 열을 전달하기 때문이다. 이런 해류의 순환은 적도와 고위도 지역의 기온 차이에 따라 더 빨라지기도 하고 느려지기도 한다. 만약 북극 지역의 기온이 저위도 지역보다 빨리 상승하게 되면 열전달이 느려지고 대기 순환도 약해지게 된다.

1980년대부터 북극진동으로 바람의 방향의 바뀌면서 해빙들이 깨져 그린란드와 노르웨이 사이 노르웨이해를 통해 북대서양으로 밀려 나가면서 북극해 해빙이 급격히 감소하고 있다. 북극 해빙의 감소는 지구 고위도 저위도 사이의 대기 순환에 영향을 미치게 되므로 지구 전체의 기후 양상과 태풍 진로를 변화시키고, 이는 다시 북대서양 지역의 생태계도 변화시키게 된다. 한반도의 겨울이 길고 추운 이유는 북극에서 만들어진 찬 기류가 남하하기 때문인데, 최근 북극해 해빙이 감소하면서 대류권 상부나 성층권에 부는 제트류가 약해져 극소용돌이의 경계가 남하함에 따라 북극 한파가 더욱 자주 한반도를 덮치고 있다.

북극해 해빙 감소에 따라 기상이변이 전 세계적으로 나타나고 있다. 사진은 해빙이 녹은 북극해를 항해중인 아라온호

북극진동이란 무엇일까?

\

극지방의 차가운 공기 덩어리와 남쪽의 따뜻하고 습한 공기 덩어리 사이의 경계를 극전선이라고 부른다. 극전선은 대략 위도 $60°$ 정도 위치하며 그보다 높은 고위도 쪽으로는 극소용돌이가 존재한다.

극소용돌이는 보통 극 지역 대류권 중상부와 성층 권에 있는 저기압 소용돌이를 가리키는데 북극에서는 시계 반대 방향으로 남극에서는 시계 방향으로 회전하고 있으며 그 하부에는 차갑고 무거운 공기 덩어리가 존재한다. 극소용돌이의 경계, 즉 극전선을 따라 대류권 상층부에는 제트류가 흐르고 있다. 극소용돌이는 보통 여름철보다 겨울철에 강해지며 이때 제트기류가 아주 강하게 불면서 북쪽의 한파가 내려오는 것을 막아주게 된다. 북극의 극소용돌이는 매년 강도가 조금씩 변하는데 강해지면 경계가 분명한 한 개의 소용돌이가 생기면서 하부에 차가운 공기가 잘 차단 되지만, 반대로 약해지면 모양이 불규칙해지면서 북극의 차

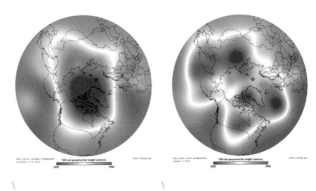

정상적인 북극 소용돌이 패턴   비정상적으로 발달한 북극 소용돌이 경계

가운 공기를 적도 쪽으로 밀어내게 된다.

　　지구 온난화 현상으로 북극 해빙이 감소하고 기온이 올라가게 되면, 극지방과 중위도 지방 간의 기온 차이가 상대적으로 줄어들게 되고 제트기류가 약해지면서 북극의 극소용돌이가 남북으로 수축 팽창 운동을 하게 된다. 이 같은 이유로 북극의 차가운 공기가 저위도로 주기적으로 남하하는 현상을 북극진동이라 한다. 최근에 북극소용돌이 붕괴가 일어나면서 겨울철 북반구 즉 아시아, 미국, 유럽에 강력한 한파가 자주 나타나고 있다. 특히 2019년 1월에 미국 중북부를 강타한 살인적인 한파가 대표적인 예다. 북극진동으로 시카고 지역 기온이 -30℃까지 떨어졌다가 다시 2일 만

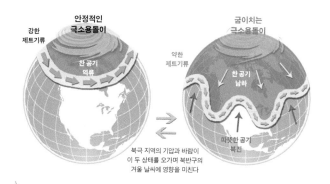

북극 소용돌이 팽창과 이완 (출처: 미국 해양대기국)

에 무려 40℃나 상승해 11℃로 올라가기도 했다.

극소용돌이는 지구에서뿐만 아니라 태양계 내 다른 행성이나 그 위성에서도 나타나는데 금성, 화성, 목성, 토성, 그리고 토성의 위성인 타이탄에서도 발견된다.

북극 툰드라가 사라진다면?

\

북극 툰드라는 지표면 하부가 일 년 내내 딱딱하게 얼어 있는 동토로 이루어져 있어, 나무가 자라지 못하는 지역을 의미한다. 동토는 말 그대로 얼어붙은 땅이라는 뜻으로 토양 사이의 물이 얼어서 만들어진다. 북극의 여름 시기에는 표면이 살짝 녹기도 하며, 수 cm 또는 수십 cm 밑에서부터 1,000m 이상 땅속까지 일 년 내내 얼어붙어 있다. 동토 지역은 연평균 기온 −2℃ 이하에서 나타나며 북반구 대륙 면적의 약 24%나 차지한다. 북극해 주변 바다의 대륙붕이나 고산 지역에도 존재한다. 북극해 대륙붕에 존재하는 동토는 빙하기 동안 해수면이 낮아져 지표로 드러났던 지역이라는 것을 알 수 있다.

툰드라에서는 키가 크고 뿌리가 깊은 나무는 살 수 없다. 따라서 툰드라 지역에는 생물이 거의 없을 것으로 생각하는데 실제 1,700여 종의 관목식물이 살고 있다. 여름철에 녹는 표층에 관목류, 이끼류, 선태류, 풀 등이 자라고 있

\
툰드라 지역에는 여름이 되면 많은 식물들이 자란다. 사진은 우리나라 연구진이
알래스카 툰드라에서 대기 중으로 방출되는 온실가스를 측정하기 위해 설치한 장비

으며 이를 먹고사는 순록, 사향소, 토끼와 또 그것들을 잡아
먹고 사는 여우, 북극곰 등 48종의 포유동물도 살고 있다.

툰드라의 가장 큰 위협은 바로 지구 온난화다. 지구
온난화로 동토층이 파괴되면서 툰드라 지역이 줄어 그곳에
사는 많은 생물이 위험에 처하게 되었다. 또 다른 문제는 툰
드라 지역의 토양과 식물에 함유된 탄소의 양이 현재 지구
대기 중 탄소의 2배나 된다는 점이다. 오랜 기간 쌓인 식물
로 인해 많은 양의 이산화탄소와 메탄이 토양 얼음 속에 존
재하는데 동토가 녹으면서 미생물의 작용으로 이들이 대기
중으로 방출되고 있다. 최근 지구 온난화로 북극 지역에서
다량의 온실가스가 공기 중으로 방출되면서 지구 온난화를
더욱 가속시킬 것으로 우려된다.

북극해 항로란 무엇일까?

\

북극해를 통해 배가 다닐 수 있는 항로는 크게 북동항로와 북서항로가 있다. 러시아 무르만스크에서 동쪽으로 북극해 연안을 따라 베링해에 이르는 항로를 북동항로, 반대로 베링해에서 서쪽으로 알래스카, 캐나다령 북극해를 지나 그린란드를 돌아 북미 대서양 연안으로 이르는 항로를 북서항로라 부른다. 이중 유럽과 아시아를 잇는 북동항로를 통상 북극해 항로라고 부른다. 북극해 항로는 비교적 얼음이 얇은 연안을 따라 섬 사이를 통과해야 하는데 여름을 제외하고는 연중 얼어있고 수심이 15m 이하인 지역도 있어 항해가 쉽지 않다. 그렇지만 복잡한 캐나다의 북극 섬 사이를 운행하는 것보다는 용이하다. 화물선이 우리나라 부산에서 유럽의 노트르담까지 기존의 수에즈 운하를 경유할 때는 20,100km로 24일이 소요되나 북극해 항로로 가면 거리가 약 40% 단축되어 12,700km에 14일이면 도착한다.

그러나 북극해 항로를 이용하기 위해서는 아직 쇄빙

선의 도움을 받아야 하며 시시각각 변하는 해빙에 대한 정보가 미흡하고 중간 기착을 위한 항구 시설이 전무해 완전 상용화까지는 시간이 다소 걸릴 것이다. 그러나 유럽과 극동아시아 사이를

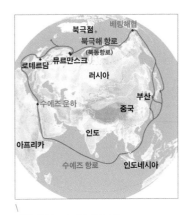

북극해 항로와 기존 항로 비교
(출처: The Guardian)

운행하는 화물선보다는 러시아 북극해 석유와 가스 개발을 위해 북극해 항로의 활성화가 요구되고 있다. 러시아는 국가 재정의 약 40%를 석유와 천연가스 수출에 의존하고 있다. 유럽에서 쓰는 천연가스의 70%가 러시아로부터 파이프라인을 통해 공급되는데 반해 우리나라를 포함한 극동아시아로는 파이프라인이 없어 배로 실어 날라야 한다. 러시아는 아시아에서 천연가스 소비가 늘어나자 북극해 야말반도 가스전에서 생산되는 천연가스를 아시아로 수송하기 위해 쇄빙 LNG 운반선 10척을 우리나라에서 건조하고 있으며 대형 원자력 쇄빙선도 여러 척을 건조 중이다.

지구 온난화로 북극에 국제 분쟁이 일어난 이유는?

\

현재 지구 온난화로 북극해 해빙이 급속히 감소하면서 북극해 항로가 열리고 있다. 북극해 항로 개설로 인한 경제적 효과는 항로 단축보다는 북극해 연안 및 대륙붕의 자원개발이 훨씬 크다. 특히 러시아의 방대한 북극해 대륙붕과 시베리아 개발을 위해서는 항로 개발이 무엇보다 절실하다. 이 때문에 러시아의 고르바초프는 1987년 무르만스크 선언을 통해 국제적으로 북극해를 개방하게 된다. 그 이전까지 북극해는 미국과 소련의 군사 요충지로 핵 잠수함 정도만 오고 갈 수 있었다. 1960년대 일찍부터 남극해가 연구된 것에 비해 우리에게 가까이 있는 북극해가 1990년대 들어서야 연구가 시작되었다는 것은 등잔 밑이 어둡다는 속담을 떠올리게 한다.

러시아의 북극 지역은 국내총생산의 20%에 달하는 석유와 천연가스가 나오는 전략적 요충지이기 때문에 다른 나라들과의 영유권 다툼이 치열하다. 러시아는 최근 노르웨이와 바렌츠해 해양 경계선 문제를 합의했지만, 덴마크와는 그린란드 주변 해양영유권 분쟁이, 캐나다와도 해양영유권 분쟁이 계속되고 있다. 러시아는 북극해 중앙부를 가로지르는 로모노소프 해령을 자국 대륙붕의 연장이라고 주장하면서 배타적경제수역EEZ 경계를 200해리가 아닌 350해리 (1해리는 약 1.8km)로 확장하려고 한다. EEZ란 육지에서 200해리 내에서 타국 선박의 항해는 가능하지만 어업, 석유 등 자원의 독점적 사용 권리를 갖는 경제적 해양영토다. 러시

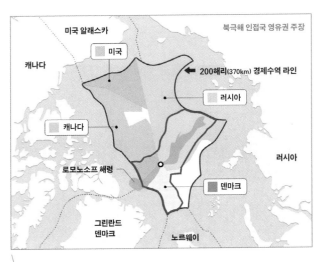

러시아는 북극해 영유권 확장을 위해 로모노소프해령을 자국 대륙붕의 연장으로 주장하고 있다

\
북극해 영유권 주장을 위해 러시아는
2007년 북극점 4,300m 해저에 티타늄으로
만든 국기를 꽂았다

아는 북극해 EEZ 영유권에 대한 상징적 조치로 2007년 8월 잠수정을 동원해서 북극점 아래 4,300m 해저에 티타늄으로 만든 러시아 국기를 꽂기도 했으며 최근 들어 북극해에서의 군사력을 대폭 강화하고 있다.

결국 지구 온난화로 북극해가 녹으면서 경제적 개발 가능성이 커지고 있지만, 그로 인한 이권 다툼으로 국제 분쟁의 가능성 또한 커지고 있다.

북극의 스발바르 조약이란
무엇일까?

\

우리나라 북극다산과학기지가 위치한 노르웨이령 스발바르군도는 북위 74~81°, 동경 10~35° 사이에 위치한 스피츠베르겐, 노르아우스틀라네, 에드고야 등의 섬으로 구성되어 있는데, 총 61,000km²의 면적으로 전체의 60%가 빙하에 덮여있다. 그중 스피츠베르겐은 스발바르군도의 반 이상을 차지하는데, 남한 면적의 60%에 해당할 정도로 큰 섬이다. 스발바르군도는 북극권 이북에 위치해 연 100일 정도는 종일 해가 지지 않는 백야가, 100일 정도는 해가 뜨지 않은 밤이 계속되며 전체 면적의 10% 정도에 식생이 분포한다. 스발바르는 12세기에 발견된 이후 열악한 자연 환경으로 사람이 살지 않다가 17~18세기에 들어와 고래잡이를 위한 기지가 세워졌다. 19세기 말에는 석탄이 발견되어 20세기 초 롱위에아르뷔엔을 중심으로 채굴이 이루어졌다. 1910년에 들어와 소유권 문제가 논의되기 시작되었으나 제1차 세계대전 발발로 중단되었다. 그 후 파리평화협정 후인 1920년 2

월 9일 스발바르군도의 소유권을 명시한 스발바르 조약에 당시 총 20개 나라가 참여, 서명하였다. 조약의 핵심은 노르웨이가 스발바르군도에 대한 전적인 소유권을 갖지만 모든 서명 국가들도 어업, 사냥, 광업권에 대해서는 동등한 권리를 행사한다는 것이다. 조약은 1925년 8월 14일에 발효되었는데 그 후 여러 나라가 추가 가입해 현재 총 46개국이 가입되어 있다. 우리나라는 2012년 9월 11일 스발바르조약에 정식으로 가입하였으며 북한도 2016년 4월에 가입하였다.

현재 스발바르 스피츠베르겐섬에는 롱위에아르뷔엔을 중심으로 약 3,000명 정도의 노르웨이인과 러시아인이 석탄 개발과 관광 활동을 하며 살고 있다. 롱위에아르뷔엔

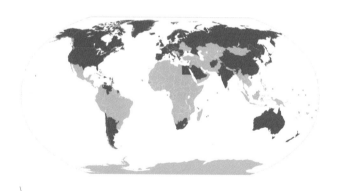

북극 스발바르 군도의 소유와 관리에 관한 스발바르 조약 가입국(2019년 46개국)

스피츠베르겐섬 롱위에아르뷔엔에는 인류 종말에 대비해 전 세계 모든 농작물의 종자를 보관하는 천연 냉장고가 지하에 설치되어 있다. 사진은 지하창고 입구

에는 핵전쟁 등 인류의 종말에 대비해 전세계 모든 농작물의 종자를 보관하는 천연 냉장고가 지하에 설치되어 있다. 이유는 이곳이 지진 등 자연재해의 위험성이 없고 전기 공급이 없어도 동토층 내에 안전하게 종자를 보관할 수 있는 곳이기 때문이다. 롱위에아르뷔엔에서 북쪽으로 114km 떨어진 곳에 위치한 뉘올레순에 과학연구기지가 위치하는데

우리나라를 비롯한 총 10개 나라가 각자 건물을 임차해서 기지를 운영하고 있다. 북극다산과학기지는 한국해양연구원에서 2002년 4월 29일 뉘올레순에 개소하였으며 현재(2019년 기준)는 극지연구소에서 관리하고 있다.

미국의 알래스카를 지킨
'스워드 폴리' 유래는?

\

1867년 미국은 알래스카를 제정 러시아로부터 720만 달러에 매입했다. 현 시세로 환산해도 약 1억 500만 달러(1200억원) 정도의 헐값이었다. 그러나 미국 정부는 러시아의 알렉산더 2세로부터 알래스카를 구입할 당시 미국 사회와 언론으로부터 엄청난 비난을 받아야만 했다. 춥고, 자원도 없고, 쓸모없는 불모의 땅을 혈세를 들여 사려 한다고 미국 여론이 들끓었다. 그러나 당시 미국의 국무장관이었던 윌리엄 스워드가 적극적으로 설득하여 성사되었다. 당시 미국 국회에서 알래스카 구입을 '스워드 폴리Seward's Folly', 즉 스워드의 멍청한 짓 혹은 스워드의 얼음 상자라는 말로 조롱받았다. 그러나 불과 30년 후인 1890년경 알래스카에서 대규모 금광이 발견되어 골드러시가 일어나면서 알래스카는 전 세계 역사상 가장 성공한 부동산 거래로 다시 평가받았다. 현재 알래스카는 광물뿐만 아니라 목재, 석탄, 석유, 천연가스, 수산자원 등 진정한 자원의 보고다. 현재 석유, 가스 등 자원 개발로 벌어들이는 알래스카의 연간 총생산액은 500억 달러가 넘는다.

윌리엄 스워드는 진취적이고 개척적인 정신으로 북극의 미래를 예측해 실행에 옮겼고, 그 결과 알래스카는 스워드의 가장 훌륭한 업적으로 남았다. 후세에 윌리엄 스워드처럼 개척적인 정신으로 우리나라 극지의 미래를 열 사람은 누구일까?

극지의 불타는 얼음,
가스하이드레이트란 무엇일까?

\

가스하이드레이트(혹은 기체수화물)란 영구 동토(凍土)나 심해저와 같은 저온과 고압 상태에서 탄소 성분의 천연가스가 물 분자와 결합하여 만들어진 고체 에너지원이다. 외관이 드라이아이스와 비슷하고 불을 붙이면 타는 성질이 있어 불타는 얼음으로도 불린다. 기체수화물은 지표로 올라오면 드라이아이스처럼 기화되어 날아간다. 기체수화물 중 메탄의 함량이 90% 이상이면 메탄수화물이라고 한다.

　　　지구에는 바다 밑 혹은 북극 동토 지역을 중심으로 총 250조m³에 달하는 기체수화물이 매장되어 있는 것으로 추정된다. 1995년 미국 플로리다 앞바다에서 함유율 2%의 기체수화물이 확인되고 일본 시즈오카현 앞바다에서도 메탄수화물 20%를 함유한 해저지층이 발견되었는데 이는 지금까지 확인된 지층 내 메탄수화물 함유율로는 최대 수치다. 우리나라 독도 부근에도 약 6억 t의 기체수화물이 매장되어 있는 것으로 알려져 있는데 이는 국내 천연가스 소비량의 30년 치에 해당한다.

해저 기체수화물은 특성상 심해의 저온 고압 환경에서 만들어져 깊은 바다 밑에 매장되어 있어 채취에 따른 기술적 어려움과 경제성 때문에 에너지 자원으로 실용화가 어렵다. 해저보다는 북극 지역의 동토층 하부에 매장된 기체수화물의 개발이 더 용이하기 때문에 시험 시추가 진행되고 있다.

현재 기체수화물은 에너지 자원 활용보다는 온도나 압력의 변화로 기화되어 대기 중으로 날아가는 물질이라는 점에 더욱 관심을 끌고 있다. 기체수화물에 많이 포함된 메

\
불타는 얼음 가스 하이드레이트. 사진은 우리 연구진이 북극해 해저에서 채취한 가스하이드레이트에 불을 붙인 모습 (사진 제공: 진영근)

우리 연구진이 오호츠크해 해저에서 채취한 가스하이드레이트 (사진 제공: 진영근)

탄이 이산화탄소보다 훨씬 강한 온실가스로 지구 온난화에 큰 영향을 줄 가능성이 있기 때문이다. 또한 공학적으로 보았을 때 해저 기체수화물이 기화되면 해저면이 약해져서 붕괴될 수 있기 때문에 해저 지반 안정성이 크게 우려된다.

남극 세종기지 주변 대륙붕에서도 우리나라 연구진에 의해 우리나라 천연가스 소비량의 약 300년 치에 해당하는 기체수화물이 발견된 바 있다. 우리나라 과학자들은 남극 이외에도 오호츠크해와 북극해에서도 기체수화물 연구를 진행 중이다.

5. 극지와 기후변화의 관계는?

남극 난센 빙붕의 균열 부위에서 폭포처럼 쏟아지는 용융수. 출처: 유럽우주기구ESA

남극은 지구 온난화에
어떤 역할을 할까?

\

남극은 지구 온난화의 영향을 크게 받을 뿐 아니라 동시에 지구 온난화의 원인일 수도 있다. 남극과 북극에서는 지구의 다른 지역에 비해 지구 온난화가 2배 이상 빠르게 진행된다. 지구 온난화는 해수면 상승과도 가장 직접적인 관련이 있다. 즉 기온이 올라가면 극 지역 얼음이 녹아 해수면 상승이 예상되는데 남극 빙상이 다 녹는다면 해수면이 약 54m 상승할 것이다. 1850년 이후 지금까지 해수면이 약 20cm 상승했는데 그중 15cm는 지난 30년간 일어났다.

대기 중 온실가스 발생 등 인간 활동으로 증가된 에너지의 95%와 25%의 이산화탄소는 바다로 들어가는데 그중 남극해에서 흡수되는 에너지와 이산화탄소가 다른 어느 해역보다 많다. 따라서 남극해는 지구 온난화를 완화하는 역할을 하고 있다. 지구 온난화로 남극빙상에서 녹은 담수가 해수 표층으로 다량 유입되면서 1970~2014년 사이에 상대적으로 차고 염분이 많은 남극저층수의 생성이 50%나

남극에서는 지구온난화가 빠르게 진행되어 빙하가 녹아 내리고 있으며 동시에
지구 온난화를 촉진시키는 역할도 하고 있다. 사진은 장보고기지 인근 난센 빙붕이
녹는 모습

감소하였다. 이는 지표의 에너지를 골고루 전달하는 해류 컨
베이어 벨트를 약화시킨다. 남극 오존홀의 발생은 남극을
일시적으로 냉각시키는 효과가 있기 때문에 남반구에서 적
도와 극 지역 사이에 온도 차이를 크게 만들어 강한 바람을
발생시키고 이는 다시 남극 대륙 주위의 따뜻한 바닷물을
상승시켜 해안가 빙상은 더욱 빠르게 녹게 된다. 과거의 지
질 자료를 보더라도 남극의 빙상은 지구 평균 기온 상승에
매우 민감하게 변화했다. 예를 들어 과거 1,500~1,700만 년
전 대기 중 이산화탄소 농도가 400~600ppm으로 지금(약

400ppm)보다 높았을 때는 지구 평균 기온이 3~4℃ 상승하여 서남극(해수면 3m 상승)과 동남극(해수면 17m 상승)의 해안가 빙상이 녹아내렸다.

지구 기후변화(온난화)란 무엇일까?

\

지구 기후변화란 10년 정도에 걸쳐 나타나는 기후의 평균적 변화를 의미한다. 지구의 기후는 지구가 탄생한 46억 년 전 이후 계속 변화해 왔다. 지구 탄생 이후 기후변화를 모두 알 수 없지만 적어도 지난 수억 년 전부터의 변화는 해양 퇴적물 시추 코어 등의 지질 자료를 통해 추정할 수 있다. 특히 지난 100만 년 동안의 지구 기후변화는 남극에서 얼어진 심부 빙하 코어를 이용해 비교적 상세히 알려져 있다. 현재 지구의 기후는 마지막 빙하기가 약 1만 년 전에 끝나고 간빙기에 접어들면서 점차 따뜻해져 왔다. 그러나 최근 들어 지난 지질시대 동안 유래를 찾을 수 없을 만큼 빠른 속도로 기온이 올라 지구 온난화에 관심이 집중되고 있다.

인간이 직접 측정한 기온 변화 기록을 보면 1906~2005년 사이 지난 100년간 지구 평균 기온은 약 0.74℃ 상승하였는데 특히 후반부의 상승률이 전반부의 2배나 빠르게 진행되었다. 지구 기온은 1979년 이후 10년에 0.12℃씩 가파르게 상승하고 있고 현 추세로 간다면 금세기말 지구의 평균 기온은 산업혁명 전보다 최대 약 3.7℃ 상승하게 될 전망이다.

이런 지구 온난화에 따라 지구촌에는 열파, 혹한, 가뭄, 태풍, 홍수 등 여러 가지 극한 기상 현상들이 증가하고 있다. 온난화로 북극과 남극의 빙하가 빠르게 감소하고, 대기 중 수증기량이 증가하여 대부분 대륙에서 강수 증가 현상이 나타나지만, 사하라 사막, 지중해, 남아프리카, 남아시아 지역 등 적도와 아표적도 지역에는 가뭄이 지속되고, 남북 아메리카 동부와 북유럽, 북부 및 중앙아시아 지역에는

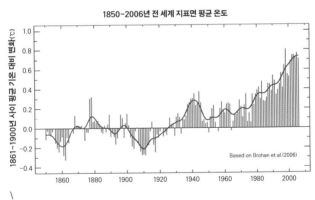

1850~2006년 전 세계 지표면 평균 온도

Based on Brohan et al.(2006)

1906~2005년 사이 지난 100년간 지구 평균 기온은 약 0.74℃ 상승하였는데 특히 후반부의 상승률이 2배나 빠르게 진행되었다

홍수와 초대형 태풍이 빈번히 발생하고 있다.

온난화로 극지의 빙하가 녹으면서 해수면 상승도 급격히 진행되어 해일로 인한 피해도 늘고 있다. 현재 인류의 약 40%는 해안가에 살고 있기 때문에 해수면 상승에 매우 민감하다. 온난화로 인한 바다와 육상 생태계의 변화, 농업 생산량 감소 등을 모두 합하면 파급 효과는 매우 크기 때문에 앞으로 온난화가 예상 최대치에 달하면 지구상 모든 인류에게 치명적인 결과가 될 것이다. 예상 최소치(약 1.5℃ 상승)에 달하더라도 선진국은 이를 감당할 수 있겠지만 가난한 나라들에는 큰 재앙이 될 것이다.

왜 극지에서 지구 온난화를
연구할까?

\

대기 중 온실가스 증가로 생긴다고 보고 있는 지구 온난화는 지구상 어느 지역보다 극지에서 빠르게 진행되는데, 이를 극지 증폭polar amplification이라고 부른다. 극지 증폭의 직접적인 원인으로는 눈과 해빙의 감소, 해류 순환의 변화, 구름과 습도의 증가, 석탄 및 석유의 사용과 북극 지역 산불로 인한 검댕의 증가 등이 주로 거론되고 있다. 특히 해빙은 태양광의 약 60%를 우주로 반사하는데 해빙이 녹게 되면 이 열이 바다로 흡수되어 주변 얼음을 빨리 녹게 하는 피드백 작용을 하게 되므로 북극 지역에서 증폭 현상은 더욱 뚜렷하게 나타난다.

지난 빙하기의 최절정이었던 약 2만 년 전 이후의 기후변화 기록을 보더라도 남북극의 온난화 속도는 타 지역 대비 2배 이상이었다. 특히 북극 지역의 급격한 온난화로 우리나라와 같은 중위도 지역에 혹한, 폭설 등 겨울철 극한 기후가 자주 나타나고 있다.

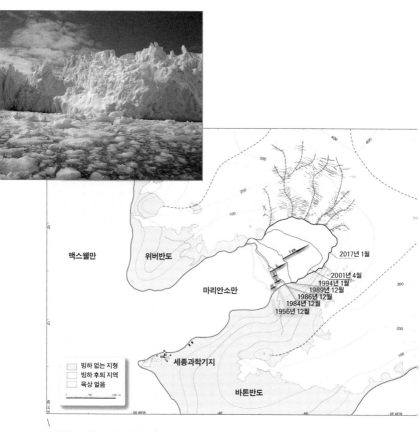

맥스웰만

위버반도

마리안소만

2017년 1월
2001년 4월
1994년 1월
1989년 12월
1986년 12월
1984년 12월
1956년 12월

세종과학기지

바톤반도

빙하 없는 지형
빙하 후퇴 지역
육상 얼음

지구온난화는 극지방에서 2배 이상 빠르게 진행되고 있다. 세종기지가 위치한 킹조지섬 마리안소만의 빙하도 지난 60년간 1.9km나 후퇴했는데 그 속도가 점점 빨라지고 있다. 위 사진은 여름철 마리안소만의 안쪽 빙벽에서 빙하가 깨져 나오는 모습이다

    남극에서는 온난화로 빙하 녹는 속도가 빨라지고 있기 때문에 해수면 상승과 관련하여 매우 중요하다. 또한 지구 해류 순환 중 심층 해류가 만들어지는 곳도 극 지역에 해당하는 북대서양과 남극해 로스해, 웨델해 등이다. 만약 극 지역 온난화로 심층 해류의 생성이 영향을 받는다면 지구 해류 순환이 끊겨 전 지구의 기후조절 시스템이 망가지게 된다.

    현재 극 지역은 지구 온난화가 가장 빠르게 진행되는 곳이기 때문에 이런 현상을 관측하기에 적합할 뿐만 아니라 온난화로 인해 발생하는 해수면 상승을 예측하기에도 적합하다. 또한 해양 심층 해류 형성 등 지구 기후의 조절자로서 극지의 역할도 점차 주목받고 있다.

지구 온난화의 원인은
무엇일까?

\

적어도 지난 2백만 년 동안 전례가 없는 최근 지구의 급격한 기온 상승은 주기적 변화 양상을 벗어나기 때문에 자연적 변화라고 보기 힘들다. 기온 상승이 지구의 행성 운동에 따른 자연적 변화가 아니라면 가장 유력한 원인은 인간 활동에 의한 대기 중 온실가스의 증가로 추정된다. 대기 온실가스로는 이산화탄소, 메탄, 오존, 질소산화물 등이 있다. 이 중 특히 이산화탄소 농도는 현재 415ppm(2019년 5월 기준)을 넘어 급격히 증가하고 있는데 적어도 지난 80만 년간 반복된 빙하기-간빙기 기간 중에도 300ppm을 넘지 않았음을 미루어 볼 때 이는 분명 인간의 화석 연료 사용에 의한 것으로 여겨진다.

한편 대기 중 메탄의 농도도 산업혁명 이전보다 약 2.5배 증가했는데 주로 천연가스 사용이나 농업, 축산업 등에 의해 방출된다. 최근 지구 온난화가 지속되면서 극 지역이나 해저에 매장된 메탄이 대기 중으로 방출되어 메탄 농

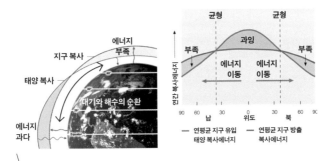

지구의 위도에 따라 유입되는 태양복사에너지는 바다와 대기를 통해 전달된다

(출처: 왼쪽 – The COMET Program, 오른쪽 – 미국 항공우주국 NASA)

도는 폭발적으로 증가할 것으로 예상된다. 메탄은 이산화탄소보다 28배 이상 강력한 온실효과를 갖는 기체이기 때문에 더욱 중요하다. 온난화에 의한 바닷물 온도 상승으로 해저에 고체 상태로 있던 메탄하이드레이트가 대기 중으로 방출되거나, 육상 동토층 하부에 매장된 메탄이 기온 상승으로 대기 중으로 방출되고 있다. 북극 육상 동토대에서만 매년 1,700만 t 이상의 메탄이 대기 중으로 방출되고 있으며 향후 북극 해저로부터 약 500억 t의 메탄이 방출될 가능성이 있는데 이 경우 대기 중 메탄 농도가 현재의 12배로 증가하게 된다.

　　우리나라는 현재 하루 석유 소비량 280만 배럴로

세계 8위 소비 국가(2017년 기준)이며 세계 8위의 이산화탄소 배출국(2016년 기준)이기도 하다. 우리나라도 지구촌의 일원으로서 온난화를 막기 위해 이산화탄소 배출량을 줄이려는 국민 개개인의 노력이 필요한 이유다.

지구에서 빙하기는
언제 존재했을까?

\

지구는 지질시대를 거치면서 지난 30억 년 동안 5~6번의 얼음시기Ice Age가 있었다. 보통 한 번의 얼음시기 동안에도 몇 번의 추운 빙하기와 따뜻한 간빙기가 반복되었다. 지구의 마지막 얼음 시기는 신생대 약 3,400만 년 전부터 시작되었으며 그중에서도 마지막 빙하기인 제4기 빙하기가 약 250만 년 전부터 지금까지 진행되고 있다. 제4기 빙하기 중에도 여러 번의 빙하기-간빙기가 있었으며 그중 마지막 빙하기는 약 1만 년 전에 끝나고 현재의 간빙기에 이르렀다. 따라서 크게 보면 현재 우리는 지구 제4기 빙하기 중 한 간빙기에 살고 있다고 말할 수 있다.

얼음시기가 생겼던 원인은 알 수 없으나 적어도 주기적으로 나타나지 않았던 것으로 미루어 볼 때 혜성 충돌 등에 의한 예측불가의 대재앙 때문이었을 것으로 추측된다. 하지만 지난 250만 년 전부터 시작된 반복적인 빙하기-간빙기는 4만~10만 년의 주기성을 보이기 때문에 지구의 행성 운동과 관련이 있을 것으로 보인다. 기후변화가 지구의 행성 운동과 관련 있다는 것을 처음 주장한 사람은 세르비아 태생의 수학자인 밀루틴 밀란코비치다. 밀란코비치는 지구 공전 궤도 이심률과 자전축 경사의 변화, 세차운동이 지구의 기후 변화 패턴을 결정한다는 수학적인 가설을 세웠다. 즉 지구의 공전궤도는 원에서 타원형으로 주기적으로 서서히 변화하는데 이심률이란 원에서 타원으로 얼마나 찌그러져 있는지를 나타내는 척도이다. 이러한 지구 공전궤

지구는 지질시대에 여러 번의 빙하기를 거쳤다. 영화 〈투모로우〉는 멕시코 만류의 흐름이 끊어져 북반구에 빙하기가 도래하게 된다는 설정이다

도 이심률 변화는 춘분점과 추분점을 10만년 주기로 서서히 이동시키고 있다. 황도면에 대한 지구 자전축의 경사는 4

만 1,000년을 주기로 21.1°에서 24.5° 사이를 오르내리는데 현재의 각도는 23.44°이며 서서히 줄어들고 있다. 또한 지구의 자전축은 도는 팽이처럼 요동치면서 약 2만 6,000년마다 한 바퀴 세차운동을 하고 있다. 이렇게 서로 다른 주기를 갖는 행성 운동의 효과가 서로 겹쳐서 증폭 혹은 감소되면서 태양으로부터 받는 에너지양을 변화시켜 기후변화를 유발한다는 것이다. 이를 밀란코비치 주기라고 부른다.

제4기 빙하기 동안 빙하 주기를 보면 지금으로부터 100만 년 전을 기준으로 그 이전에는 4만 1,000년 주기로 빙하기가 찾아왔지만 80만 년 전부터 10만 년 주기로 바뀌었다. 왜 주기가 갑자기 바뀌었는지 알 수 없지만 적어도 100만 년 전까지는 지구 자전축 기울기의 변화로 빙하기가 찾아왔다는 것을 짐작할 수 있다.

극지 빙하로부터 과거 기후 변화를 어떻게 알 수 있을까?

\

극지 빙하를 시추한 얼음에서 측정한 동위원소 분석을 통해 과거의 기후변화 역사를 추적할 수 있다. 동위원소란 화학적으로는 성질이 거의 같으나 무게만 약간 다른 원소를 말하는데 자연계에는 일정 비율로 존재한다. 예를 들어 지구에는 원자량이 16인 정상 산소 ^{16}O와 원자량이 18인 산소 동위원소 ^{18}O가 존재한다. 무거운 산소는 보통 산소원자 500개 중 1개꼴로 존재한다. 그러나 물의 상태에 따라 포함된 산소 동위원소 비율이 조금씩 달라져 바닷물, 수증기, 빗물, 빙하에서의 값에 미세한 차이가 있다. 바닷물 내에도 일정량의 산소 동위원소가 존재하는데 바닷물이 증발하면 가벼운 ^{16}O이 ^{18}O보다 더 쉽게 증발해 수증기 내 ^{16}O의 비율이 다소 증가하고 구름으로 만들어져 대륙으로 이동하면서 무거운 ^{18}O는 쉽게 비로 내리기 때문에 극지방으로 갈수록 구름 속 가벼운 ^{16}O의 비율은 계속 증가하게 된다. 따라서 남극에 내린 눈의 산소 동위원소는 기온이 낮을수록 ^{16}O의 비율이 상대적으로 높아져 그만큼 $^{18}O/^{16}O$ 값은 점점 작아지게 된다. 반대로 빙하기에 바닷물 속의 ^{18}O의 비율은 증가한다. 빙하는 깊어짐에 따라 생성된 나이가 점점 오래됐기 때문에 깊이에 따른 산소 동위원소 비율은 생성 당시의 기후 조건을 반영하게 된다.

현재까지 남극 여러 곳에서 빙하 시추가 이루어졌으며 가장 먼저 심부 시추를 통해 긴 기간의 지구 기후변

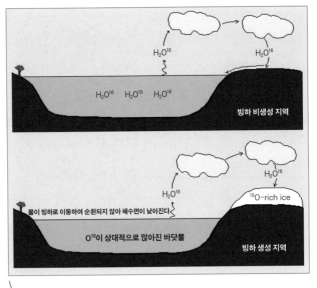

바다에 존재하는 산소 동위원소들은 대기 온도에 따라 증발되어 극지에 눈으로 쌓이는 비율이 달라진다. 산소 동위원소 기후변화 원리

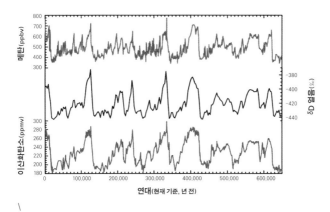

\
남극 빙하 코어로 지난 70만 년의 기온 변화 및 온실가스변화를 알 수 있다. 가운데 검은색 그래프가 기온 변화를 가리킨다

화 기록을 밝혀낸 것은 러시아 보스토크 기지 시추다. 보스토크 빙하를 통해 지난 42만 년 동안 4번의 빙하기와 간빙기가 있었음을 밝혀냈다. 그 후 유럽 여러 나라가 공동으로 남극 내륙의 Dome C에서 2004년 3,270m 바닥까지 시추한 자료로부터 지난 74만 년 동안 8번의 빙하기와 간빙기가 있었음을 알게 되었다. 북극의 그린란드에서도 3,000m 이상의 빙하 시추가 이루어졌는데 약 10만 년 전까지의 자세한 기후 변화를 알 수 있다. 빙하는 과거 기온 변화에 대한 기록뿐 아니라 얼음 속에 포함된 기포로부터 대기 중 이산화탄소와 메탄의 농도 변화도 알 수 있다.

극지 얼음의 나이는
어떻게 알 수 있을까?

\

극지 빙하는 계속 쌓이는 눈이 밑으로 갈수록 압력을 받아 얼음으로 변한 것이다. 표면에 가까운 빙하에서는 나무의 나이테처럼 매년 쌓인 눈층을 볼 수 있다. 그 이유는 여름과 겨울의 기온 변화 혹은 강설량 차이 때문이다. 하지만 밑으로 수십 미터 이상 내려가면 층 구분이 보이지 않고 단단한 얼음으로만 구성되어 있다. 간혹 화산재가 포함된 회색층이 나타나기도 하는데 이는 지구 어디선가 대규모 화산 폭발로 대기 상층부까지 올라간 미세 화산재가 지구 전체에 퍼지면서 눈에 섞여 남극에까지 내렸기 때문이다. 따라서 역사상 관찰된 화산 폭발이나 핵실험으로 만들어진 방사성 물질을 통해 빙하의 정확한 나이를 알 수 있다.

하지만 역사 이전에 분출한 화산의 경우 빙하에 나타난 화산재층만으로 나이를 추정하기는 어렵기 때문에 동위원소 분석을 이용한다. 빙하 속에는 유기물이 거의 없어서 방사성 탄소 연대 측정은 불가능하며, 탄소 연대 측정법도 최대 5만 년 정도에 불과하다. 그런데 산소 동위원소는 물에 존재하므로 얼음을 녹여 얻을 수 있고 빙하 속 산소 동위원

시추된 빙하 코어에서 발견되는 화산재층

소의 비율은 과거 지구 기온 변화에 따라 계속 변해왔다. 지질시대 동안 산소 동위원소 비율의 변화는 바다 퇴적물로부터 이미 알려져 있다. 바다 퇴적물 속에는 미세 화석 등 나이를 알 수 있는 다양한 증거가 있으므로 나이 추정이 가능하기 때문이다. 따라서 퇴적물에서 얻은 자료를 빙하 깊이에 따른 산소 동위원소 변화와 비교해 보면 빙하의 생성 시기와 함께 기후 변화도 추정할 수 있다.

지금까지 남극에서 시추한 빙하의 최고 나이는 Dome C 기지에서 시추된 3,270m 길이의 시료에서 얻어진 74만 년이다. 북극에서는 그린란드 빙하가 최대 10만 년의 나이를 갖고 있다.

지구의 탄소 순환에
남극해가 중요한 이유는?

\

탄소 순환이란 지구의 암권(혹은 암석권), 기권, 수권, 생물권 사이에서 오고 가는 탄소의 생화학적인 순환을 의미한다. 탄소는 생물체를 구성하는 주요 원소이기도 하지만 석회암과 같은 암석의 구성 원소이기도 하다. 탄소는 암권에 압도적으로 많이 존재하지만, 암권에 존재하는 탄소보다는 기권에 존재하는 탄소가 이산화탄소와 같은 온실기체를 구성하고 있기 때문에 훨씬 더 중요하다. 특히 지구의 기후 변동과 관련하여 기권을 중심으로 한 탄소의 증가 혹은 감소가 매우 중요한 연구 대상이다.

한편 수권 즉 바닷물 속 탄소는 대기 중 이산화탄소가 녹아들어 가거나 혹은 육지에 살던 생물체가 분해되어 강을 통해 유입된다. 깊은 바다에는 대기와 접촉하는 표층과 혼합층 몇백 미터 아래에 심해층이 존재하고 있는데, 표층에서는 대기와 끊임없이 탄소를 주고받으며 균형을 유지하고 있다. 따라서 바다는 지구 대기의 이산화탄소 농도를 조절하는 중요한 역할을 하고 있다. 해수 중 탄소는 표층에서 녹으므로 표층 농도가 높지만, 심해층의 크기가 훨씬 크기 때문에 심해에 대부분의 탄소가 저장되어 있다. 심해 탄소의 양은 대기 중 탄소의 50배에 달할 만큼 많은 양이지만 바닷속 깊은 곳에 존재하기 때문에 대기와 접촉하려면 몇백 년의 시간이 걸린다. 바다와 대기 사이의 자연적 탄소 순환과 균형은 인간의 화석 연료 사용, 삼림 파괴 등으로 깨지고 있다. 인간이 방출하는 이산화탄소가 해수에 더 많이 녹아들면서 해수 산성화가 촉진되어 해양생태계에 큰 영향을 미치고 있다.

현재 전 세계 바다의 약 20%를 차지하는 남극해는 인간이 배출하는 이산화탄소의 절반가량을 흡수하고 있다. 또한 남극해는 지구 해류 컨베이어 벨트의 심층 해류가 생성되는 곳이기 때문에 지구 기후 조절자로서 중요한 역할을 하고 있다. 그러나 그 중요성에 비해 아직도 남극해에 대한 연구는 많이 이루어지지 못하고 있다.

지구 온난화로 극지의 해빙은
어떻게 변하고 있을까?

\

북극의 해빙은 통상 매년 3월에 최대로 커지고, 9월에 가장 작아지는데 2017년 여름 역대 최소치를 기록했다. 면적과 함께 두께도 얇아지고 있어서 현재(2019년 기준) 북극 해빙의 3월 평균 두께는 약 2m 정도다.

　　북극해는 1979~2018년 사이 6월 해빙 면적이 10년마다 4.1%씩 감소세를 보이고 있다. 따라서 2030년경이면 북극해에서 여름철 해빙이 완전히 사라질 것으로 추정된다. 2018년 1월 북극 겨울철 해빙 면적 역시 최저치(1,230만 km^2)를 기록했는데 직접적인 원인은 표층 해수의 온도가 상승했기 때문이다. 적어도 지난 10만 년 동안 북극해 해빙의 평균 면적은 몇 차례 감소와 팽창을 반복해 왔는데 감소 시기에는 북반구에 큰 규모의 기후변화가 동반되었다는 사실이 밝혀졌다.

　　반대로 남극 대륙 주변의 해빙은 지속적으로 증가하다가 2017년 2월 갑자기 225만 km^2로 역대 최저치를 기록

했다. 대부분의 컴퓨터 기후 모델은 지구 온난화에 따라 남
극 주변의 해빙이 감소할 것으로 예측하지만 실제로는 그
면적이 증가하고 있다. 남극 해빙의 증가는 따뜻한 바닷물
이 빙붕의 하부를 녹여 생성된 담수가 바닷물에 비해 가볍
기 때문에 표층수를 형성하여 해빙이 더욱 쉽게 생긴다고
추정된다. 2017년 남극 해빙의 감소는 여름철 기온 상승과
관련이 있으며 지역적인 기압 배치에 따른 바람과도 관련이

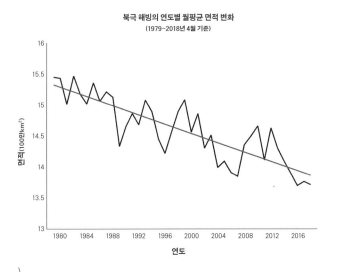

북극 해빙의 연도별 월평균 면적 변화
(1979~2018년 4월 기준)

\
지구온난화에 따라 북극해의 해빙 면적은 10년에 약 4%씩 감소하고 있다
(출처: 미국 빙설자료센터NSIDC)

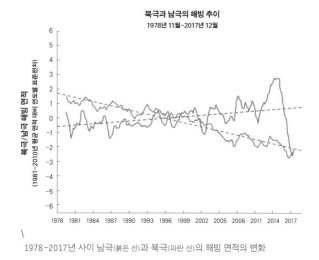

북극과 남극의 해빙 추이
1978년 11월~2017년 12월

1978-2017년 사이 남극(붉은 선)과 북극(파란 선)의 해빙 면적의 변화

있다. 우리가 해빙을 정확히 예측하지 못하는 이유는 해양의 순환이나 바람과의 상호작용 등 인간이 알고 있는 바다에 관한 지식이 불충분하기 때문이다.

UN 지구 기후변화 보고서란?

\

심각해지는 지구 기후변화에 대응하기 위해 유엔환경계획UNEP, United Nations Environment Programme과 국제기상기구WMO는 1988년에 기후변화에 관한 정부 간 협의체IPCC, Intergovernmental Panel on Climate Change를 공동 설립하였다. IPCC는 그 후 5~6년 간격으로 기후변화 추이, 원인 규명, 대응 전략을 담은 보고서를 발표하는데, 일명 IPCC 보고서 혹은 UN 지구 기후변화 보고서라고 부른다. IPCC 보고서는 전 세계적으로 지구 기후변화에 대해 가장 권위 있는 자료로 인정받고 있다.

지금까지 1990년, 1995년, 2001년, 2007년, 2014년에 걸쳐 5차례 보고서가 발간되었고 2022년에 6차 보고서가 나올 예정이다. IPCC는 보고서를 통해 현재 지구가 더워지고 있으며 기온의 전례 없는 상승 속도를 볼 때 95% 이상의 확률로 온난화가 인간 활동에 의한 것이라 보고 있다. 보고서에 근거하여 2100년까지 지구 온난화 상한선을 산업

\
2018년 인천 송도에서 열린 IPCC 총회에서 지구 기온 상승을 1.5℃ 이하로 억제하도록 온난화 방지 조치를 강화하는 보고서가 채택되었다

화 이전 대비 1.5~2℃ 이하로 유지하기 위해 참여국들의 온실가스 배출 감축을 위한 국제협약이 체결되었다. 2015년 체결된 파리기후변화협약에는 중국을 포함한 195개국이 서명했지만, 미국은 2017년 탈퇴했다. 만약 지금 당장 온실가스 감축이 실현된다 해도 21세기 말에는 약 1℃ 추가 상승이 예상된다. 또한 보고서에 따르면 온난화로 극지 빙하가 꾸준히 감소해 해수면 상승률은 20세기 연평균 1.7mm에서 1993년 이후 3.2mm로 증가하고 있다고 한다. 인간이 현재와 같이 이산화탄소를 계속 배출한다면 금세기 말에는 기온 3.7℃ 상승에 해수면 상승은 63cm에 달할 것으로 예측된다. 파리협약 이후 2018년 10월 인천 송도에서 열린 IPCC 총회에서는 지구 온난화에 의한 피해를 최소화하려면 2100년까지 산업화 이전과 비교해 평균 기온 상승 폭을 1.5℃ 이내로 강화해야 한다는 특별보고서를 채택했다.

'잃어버린 탄소' 이야기

\

인간의 개입이 없다면 지구 대기 중 이산화탄소는 생명체가 죽은 후 분해되거나 산불 등에 의해 자연적으로 증가하는 양과 식물의 광합성 작용에 의해 감소하는 양이 서로 같아 크게 늘거나 줄지 않을 것이다. 그러나 인간이 석탄과 석유 등의 화석 연료를 사용하면서 인위적으로 만들어내는 이산화탄소가 대기에 다량 축적되고 있다.

1990년대 과학자들은 인간이 만들어 낸 이산화탄소의 3/4 정도는 공기 중에 섞이거나 바다로 흡수되지만, 나머지 missing carbon 는 어디로 가는가라는 큰 의문을 제기했다. 즉 현재 화석 연료를 연소하여 대기로 방출되는 이산화탄소량은 연간 약 370억 t 정도로 추정되는데 그중 50%는 대기 중에 남고, 27%는 바다로 흡수되며, 나머지 23%는 육지 어딘가로 갈 테지만 정확히는 알지 못했기 때문이다. 이후 많은 과학자들이 이 수수께끼를 풀기 위해 나선 결과 육상 삼림에 축적된다는 것이 밝혀졌다. 특히 온대 지역의 삼림과 고위도 지역 삼림 그리고 열대 우림의 순으로 대기 중 이산화탄소가 많이 흡수되어 나무 속 탄소로 저장된다는 것을 알게 되었다.

나무는 광합성을 통해 대기의 이산화탄소를 흡수하고 산소를 방출하는데, 이산화탄소량이 증가하면 식물의 광합성이 더욱 촉진되고 온난한 기후는 생물의 성장 기간을 증가시켜 이산화탄소 흡수량이 많아지므로 결과적으로 지구 온난화를 늦추게 된다. 그러나 현재 열대우림의 지속적인 파괴와 산림의 감소로 인해 지구 온난화는 가속되고 있다.

해양 산성화란 무엇일까?

\

해양 산성화란 지구 대기 중 이산화탄소량이 증가하면서 대기-해양 간 상호 작용으로 바닷물이 점차 산성화되는 현상을 말한다. 산성화란 정확히 약알칼리성인 바닷물(pH 8.1~8.2)의 pH 지수가 점점 낮아지는 현상을 의미하는데 물속에 수소이온이 증가하면 pH 지수가 낮아져 산성화된다고 말한다. 통상적으로 pH 값이 7 이하가 되면 산성을 띠는데, 예를 들어 식초는 pH가 3, 염산은 1, 황산은 0이다.

대기 중 이산화탄소량이 증가하면 바닷물이 이를 흡수하여 균형을 이루게 된다. 해수에 이산화탄소가 녹으면 수소이온 농도가 증가하여 바닷물의 pH가 감소한다. 실제 바닷물의 pH 지수가 7 이하로 되는 것은 불가능하지만 산업혁명 후 대기 중으로 방출된 이산화탄소의 1/4이 바다로 흡수되면서 바닷물의 pH 지수가 낮아져 점차 알칼리성이 약화되고 있다. 산업혁명 이후 바다의 산성도는 약 26% 증가하게 되었고, 지금 속도로 대기의 이산화탄소량이 점차

지구 대기 중 이산화탄소 양이 증가하면 해양 산성화가 심해지고 이는 생태계에 치명적인 영향을 미치게 된다. 사진은 해양 산성화로 인해 산호가 죽어가며 나타나는 백화 현상

증가하면 21세기 말 바닷물의 pH 지수는 현재보다 0.2~0.4 정도 낮아질 것으로 예상된다.

　　해양 산성화가 지속되면 해양 생태계에 큰 영향을 미쳐 많은 바다 생물이 사라지게 되고 결국 인간의 삶에 영향을 주게 된다. 현재 바다에 나타나는 백화(갯녹음) 현상이나 산호가 사라지는 현상은 모두 해양 산성화에서 온 것이라고 보고 있다. 특히 극지 바다에 사는 생물 중 조개와 같이 탄산칼슘^{CaCO_3} 껍데기를 가진 생물에 큰 영향을 미치게 된다. 찬 바닷물이 더 많은 이산화탄소를 흡수하기 때문에 극 지역의 해양 산성화가 더욱 빠르게 진행되고 있다. 해양 산성화는 해양 생태계 파괴뿐 아니라 대기 중 이산화탄소 흡수를 방해하기 때문에 지구 온난화를 부추기게 되어 지구 환경과 인간 생존에 큰 영향을 미치게 된다.

지구의 과거 대기 중 온실가스양을 어떻게 알 수 있을까?

\

약 46억 년 전 지구가 태어난 이래 대기의 조성은 지금까지 계속 변화해 왔다. 태양계와 동시에 생성된 지구는 우주 가스와 먼지들이 뭉쳐져 처음에는 매우 뜨겁고 불안정한 상태였다. 그 후 지구가 식으면서 대륙이 형성되고 점차 바다와 대기가 만들어졌다. 초창기 지구 대기는 이산화탄소와 수증기가 대부분이었고 지표면 온도는 -50~100℃ 정도였을 것으로 추정된다. 약 35억 년 전 지구에 생명체가 탄생하고 광합성이 시작되면서 대기 중 이산화탄소가 산소로 바뀌기 시작했다. 이처럼 지질시대를 거쳐 현재까지 대기 조성은 끊임없이 변화해 왔는데 이는 지구 기온 변화와도 밀접한 관계가 있다. 옛날 공기는 현재 남아있지 않기 때문에 지질시대에 생성된 석회암$CaCO_3$의 양을 토대로 대기 중 이산화탄소량의 변화는 대략 추정할 수 있지만 다른 온실가스의 양은 알 수 없다. 과거의 공기를 지금 직접 채취할 방법이 있다면 모든 온실가스 변화를 자세히 알 수 있을 것이다.

극지에 존재하는 빙하로부터 적어도 지난 100만 년 전 존재했던 공기를 직접 얻을 수 있다. 극지 빙하는 오랜 기간 내린 눈이 쌓여 만들어진다. 즉 쌓인 눈이 점점 눌려 얼음으로 변하는데, 눈 입자 사이에 있던 공기 방울도 같이 눌려져 깊은 곳에서는 보이지 않지만 지상으로 올라와 압력이 감소하면 다시 나타난다. 따라서 과학자들은 빙하를 시추해 그 속에 들어 있는 공기 방울에서 당시의 대기 조성을

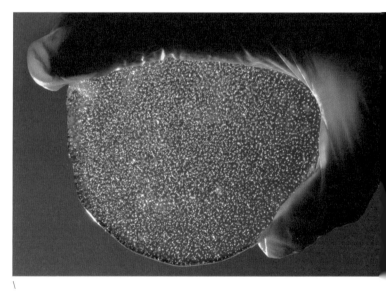

빙하 코어 내에 포함된 공기방울로부터 과거 지구의 대기 성분을 알 수 있다

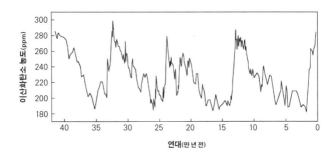

보스토크 빙하 코어의 기포를 분석하여 구한 지난 42만 년에 걸친 대기 중 이산화탄소 농도 변화. 이산화탄소 농도는 300ppm을 넘지 않았으나 현재는 이미 415ppm에 다다랐다 (출처: 오코우치 나오히코, 《얼음의 나이》)

알아낸다. 최근 정밀 화학 분석 기술의 발달로 극미량의 공기에서 이산화탄소, 메탄가스 등 온실가스를 측정하는 것이 가능하다. 따라서 빙하를 분석하여 시간에 따른 대기 온도 변화와 함께 온실가스의 변화도 함께 알 수 있게 되었다.

엘니뇨란 무엇일까?

\

엘니뇨는 대기와 해양의 상호 작용에 의해 2~7년 주기로 나타나는 기상 현상인데 특히 동태평양 적도 지역의 표층 해수 온도가 약 0.5℃ 상승하면서 발생한다.

　　남극해에서 남아메리카 대륙 서쪽 해안을 따라 적도 쪽으로 차가운 해류가 흐르는데 이를 훔볼트 해류라고 부른다. 훔볼트 해류는 영양분이 풍부하기 때문에 예전부터 페루 앞바다는 안초비(멸치)의 세계적인 어장이었다. 많은 페루 사람들은 안초비를 잡아서 살아가는데 간혹 12월 말쯤 갑자기 안초비가 잡히지 않는 현상이 발생하곤 했다. 크리스마스 경에 이 현상이 나타났기 때문에 어린 아기 예수님을 뜻하는 스페인어 엘니뇨 El Niño 라는 말을 이 현상에 붙이게 되었다. 그 후 엘니뇨가 나타나는 해에는 페루 이외에 지구상 다른 지역에서도 기상 이변이 광범위하게 발생한다는 것이 밝혀졌다. 남극해에서 올라오는 해류가 약해져 따뜻한 해류 때문에 증발량이 많아지게 되고, 이 때문에 태평양 동부 지역에 비가 많이 오게 되어 미국 캘리포니아 지역에 홍수가 나기도 한다. 반면 서태평양 지역, 즉 인도네시아, 필리핀, 오스트레일리아는 건조해져 산불이 많이 발생하게 된다.

엘니뇨와 반대로 동태평양 적도 지역의 해수 온도가 평균보다 낮아지는 해가 있는데 이를 라니냐La Niña라고 부른다. 유래는 남자 아기를 뜻하는 엘니뇨의 반대말인 여자아기를 뜻하는 스페인어다. 이처럼 동태평양 표층 해수 온도가 높아졌다 낮아졌다를 반복하는 현상을 통틀어 남방진동 혹은 줄여서 엔소ENSO, El Niño-Southern Oscillation라고 부른다. 최근 엔소는 남극에서도 관측되어 엘니뇨가 있는 해에는

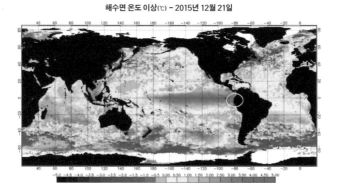

해수면 온도 이상(℃) – 2015년 12월 21일

엘니뇨는 동태평양 적도 지역의 해수 온도가 평년보다 높은 해를 의미한다

남극이 더 춥고 해빙도 많이 생성된다는 것이 밝혀졌다. 엘니뇨는 한반도에도 영향을 미쳐 여름철에는 집중호우가 발생하며 겨울철에는 중국 내륙이 건조해지고 계절풍이 약해져 황사와 미세먼지가 증가하게 된다.

남극이나 북극에 가 보셨나요?

얼음 바다, 눈 덮인 대륙에 가고 싶은 사람이 알아야 할 모든 것

지 은 이 | 김예동

1판 1쇄 인쇄 | 2019년 10월 4일
1판 1쇄 발행 | 2019년 10월 18일

펴 낸 곳 | ㈜지식노마드
펴 낸 이 | 김중현
출판등록 | 제 313-2007-000148호
등록일자 | 2007년 7월 10일
주   소 | (04032) 서울특별시 마포구 양화로 133, 1201호(서교타워, 서교동)
전   화 | 02-323-1410
팩   스 | 02-6499-1411
이 메 일 | knomad@knomad.co.kr
홈페이지 | http://www.knomad.co.kr

가   격 | 15,000원
ISBN 979-11-87481-62-1 03450

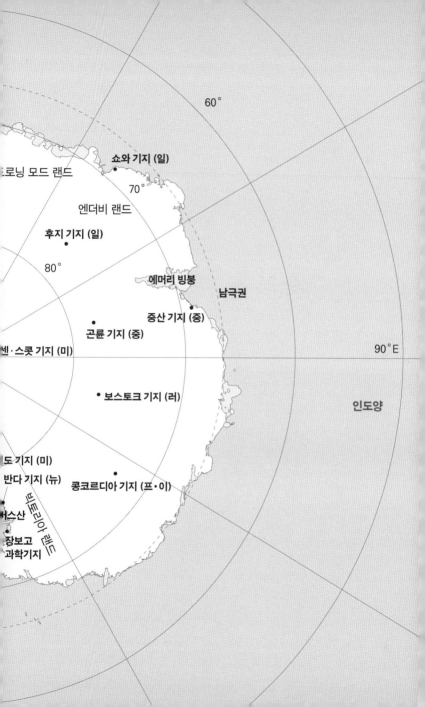